藏在身边的航天科技

段立欣　钱航　著

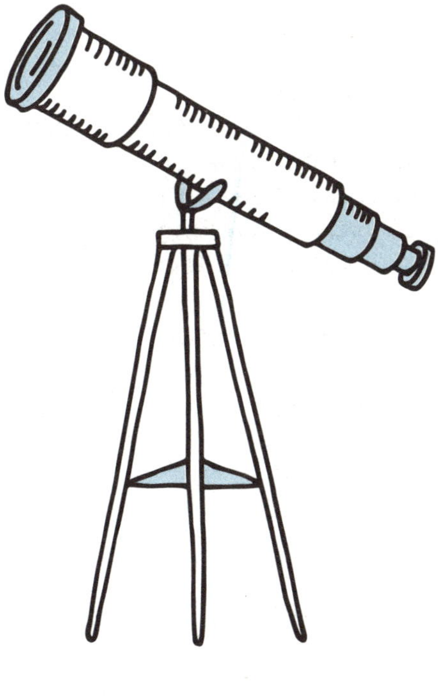

中国妇女出版社

图书在版编目（CIP）数据

藏在身边的航天科技 / 段立欣，钱航著. -- 北京 ：
中国妇女出版社，2025. 7. -- ISBN 978-7-5127-2467-9

Ⅰ. V1-49

中国国家版本馆CIP数据核字第2025J853U7号

责任编辑：张凌云
封面设计：介末设计
责任印制：李志国

出版发行：中国妇女出版社
地　　址：北京市东城区史家胡同甲24号　　邮政编码：100010
电　　话：（010）65133160（发行部）　　65133161（邮购）
网　　址：www.womenbooks.cn
邮　　箱：zgfncbs@womenbooks.cn
法律顾问：北京市道可特律师事务所
经　　销：各地新华书店
印　　刷：鸿博昊天科技有限公司

开　　本：165mm × 235mm　1/16
印　　张：12.5
字　　数：160千字
版　　次：2025年7月第1版　　2025年7月第1次印刷
定　　价：59.80元

目录

第一问

航天员穿纸尿裤是什么感受？

小伙伴们好，欢迎大家和我一起看图说话！

看到上面这幅图，你是不是感到很奇怪：小婴儿和航天员有什么关系？难道航天员要从小婴儿开始培养？婴儿食品最适合航天员？

都不是！今天要说的是，小婴儿穿的——纸尿裤！

现在正在看这本书的你可能已经不记得了，但你的爸爸妈妈肯定记得那个穿着纸尿裤在地上爬来爬去、没有牙齿的小宝宝——没错，就是你！

不用害羞，很多小婴儿都穿纸尿裤。

我觉得最有意思的航天科技就要数纸尿裤了，所以把它放在第一个介绍。

虽然纸尿裤的雏形在很早以前就出现了，但因为当时的产品成本太高，吸水效果不好，还不透气，一直是一种用起来不好用，丢了又可惜的“鸡肋产品”。

时间的脚步一刻不肯停歇，转眼到了 20 世纪 60 年代——一个载人航天技术突飞猛进的时代。

1961 年 4 月 12 日，苏联航天员尤里·阿列克谢耶维奇·加加林（Yuri Alekseyevich Gagarin）成为第一个进入太空的人！

大概是因为被一堆摄像机和一大群记者围着太紧张，也许“咔嚓咔嚓”的闪光灯太晃眼，就在这关键时刻，加加林想上厕所！

可他又不能在众目睽睽下，一层层地脱掉厚重的航天服，满头大汗地冲进卫生间。

好在当时的航天服有导尿系统，于是加加林只能躲起来，让尿液从航天服的导尿管里流出去。

如果说加加林在登上宇宙飞船前解决了“小问题”还算幸运的话，对于同年去太空的美国航天员艾伦·谢泼德（Alan Shepard）来说，遇到的麻烦可就大多了。

当年，美国首位航天员艾伦·谢泼德已经穿好航天服，半躺进了飞船中，随时等候出发。本来这次进入太空轨道飞行的任务只有短短15分钟，可是因为机械故障，任务延迟了好几个小时。

他半躺在飞船里等啊等，漫长的等待让谢泼德产生了尿意，他急忙请示指挥部。

地面中心也没有别的办法，只能允许谢泼德尿在了航天服里。因为尿液有温度，很可能造成航天服的循环系统失灵，所以这泡尿让地面中心的人都捏了一把汗。

还好，航天服的自清洁系统成功地清理了尿液，化解了一次大危机！

为了解决这类尴尬的问题，科学家一起开动脑筋，想到了那种吸水效果差、不透气、价格贵的纸尿裤。

华人工程师唐鑫源在这个基础上进行改进。他经过一次次试验和探索，终于研发了一种高分子特殊材质用于制造纸尿裤。这种材料制作的纸尿裤可以吸收大约 3 瓶矿泉水，还能保持干爽、透气。

航天特制纸尿裤就这样诞生了。

飞船就像短途交通工具一样，是没有卫生间的，只有到达空间站才能上厕所。航天员在进入太空的这个过程中，非常需要纸尿裤。

有的航天员出舱会长达 8 小时，难免会内急。在这种情况下，航天员也要穿上一条特制的纸尿裤，以备不时之需。

看到了吧，便捷好用的纸尿裤解决了航天员的大难题。

后来，人们觉得这项航天技术简直太实用了，是解决“大问题”“小问题”的好玩意儿！于是，更多的研究人员把航天纸尿裤进行了改善，让它更贴近民用市场。最终，世界各地的小婴儿很多都穿起了纸尿裤。

瞧，看起来遥不可及的航天技术，从你还是个小婴儿的时候就用到了！

现如今，就算各类航天高科技蓬勃发展，日新月异，但小小的纸尿裤仍旧在被世界各地的航天员使用。

因此，纸尿裤在探索宇宙的事业中也发挥着十分重要的作用。

第二问

太空美食真的美味吗？

要说“藏”在身边和生活息息相关的航天科技，那绝对离不开“吃”！

没错，民以食为天，航天员不吃东西也没力气探索宇宙啊！

航天员在太空中执行任务需要几天甚至更长的时间。大家肯定很好奇，在这段“太空出差”的时间里，航天员吃的都是什么神秘食物呢？

其实，自从太空探索开始的那天起，太空食物的研发就被写入了科学家的日程表。只不过，为了适应外太空中的微重力环境，初期的航天食品根本算不上什么美食。

那时候的航天食品可是三“无”产品，即无骨、无皮、无核。所以，航天员吃到的食物现在看来有点奇怪。

一种是糊状食品，不管是什么食材，都要捣碎了装进“牙膏管”里，直接挤着吃。想象一下，那黏糊糊的口感……

另一种是固态食品，比如压缩饼干和压缩面包块等，大小正好一口，可以直接放进嘴巴里，闭上嘴慢慢咀嚼。这种“一口吞”食物可以避免食物残渣飘浮在飞船中。

看得出，这些初代航天食品虽然食用方便，但是在色、香、味方面，就有点难以名状了。

直到1965年，一位爱好美食的美国航天员约翰·沃茨·杨（John Watts Young）实在忍不了了，偷偷把最爱的牛肉三明治藏在航天服里带上了飞船。

虽然他因为“嘴馋”受到了批评，但这次事件从侧面推动了航天食品的发展。

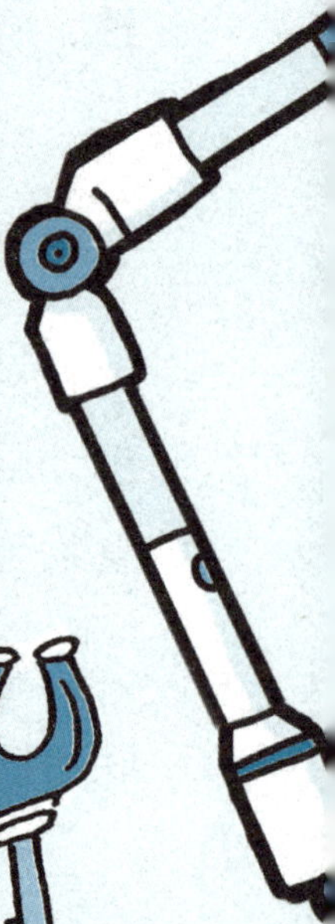

为了改善航天员在太空中的饮食，一种新的航天技术出现了——蔬菜冷冻脱水及复水技术。

这项技术的名称听起来有点复杂，简单来说就是：将新鲜食物进行冷冻及脱水处理，吃的时候再加水。

首先用到冷冻脱水技术的是蔬菜，胡萝卜、白菜、西蓝花、紫甘蓝等前仆后继地投入到这项航天实验中。蔬菜的水分被去掉，进行干燥处理后被带到了太空。

这项航天技术解决了“新鲜蔬菜在太空环境中难以保存”的难题。处理后的蔬菜不仅延长了保存期限，还不会出现营养成分流失过多的情况。

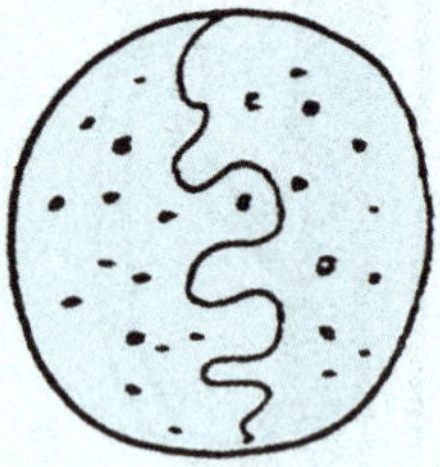

那时，去“太空出差”的航天员只要在冻干蔬菜袋中加入适量水，一袋蔬菜汤就做好了。它基本复原了原有蔬菜的味道。

当然，随着航天技术的发展，现在航天员在太空中吃到新鲜蔬菜已经没有那么难了。不仅货运飞船会定期为他们运送补给，航天员自己在空间站都可以种植蔬菜了。

虽然现在航天食品已不完全依赖于冷冻脱水及复水技术，但这项技术已经进入了人们的生活，被应用于各种方便食品的生产。

看到这里，你是不是已经猜到这个“藏”在我们身边的“航天食品”是什么了？

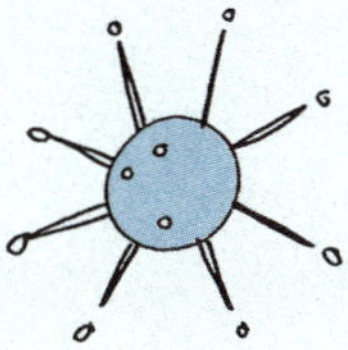
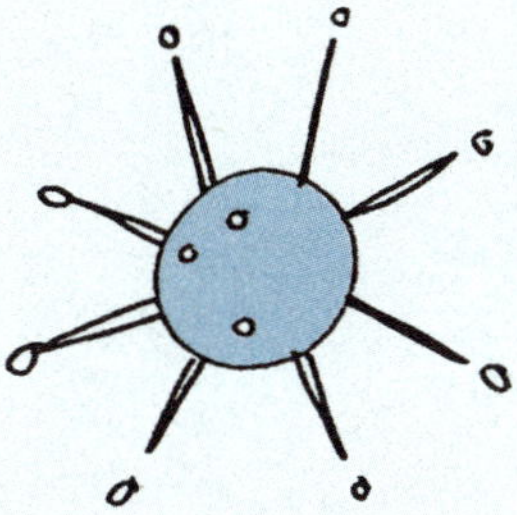

没错，它就是方便面里的蔬菜包！小小的、不起眼的蔬菜包竟然来自高端的航天技术。

除了方便面里的蔬菜包，现在我们熟悉的、可以直接食用的各种冻干蔬菜干、冻干水果干，以及速溶汤、冻干粥等的生产，都离不开这项技术。

脱水冻干食品的出现，为人类生活带来了方便。

和过去的航天食品相比，现在的航天食品种类可就相当丰富了：主食、副食、即食、饮品、调味品和功能食品，一应俱全。

中国的航天食品还突出了“中国味道”，航天员们可以吃到鱼香肉丝、什锦炒饭、回锅肉、川味辣酱、酱牛肉、茶饮等。逢年过节，还有节日特定的食物，比如粽子、月饼、饺子和元宵。在太空中吃饺子，一定很特别。

看到了吧，原来的蔬菜冷冻脱水及复水技术至今都没过时。现在的航天员想在空间站喝上一袋热乎乎的蔬菜汤，冻干蔬菜包是最方便的。

不论是过去、现在还是未来，好的发明都会经过一代代改良、更新，不断延续下去。

第三问

条形码是为外星人发明的吗？

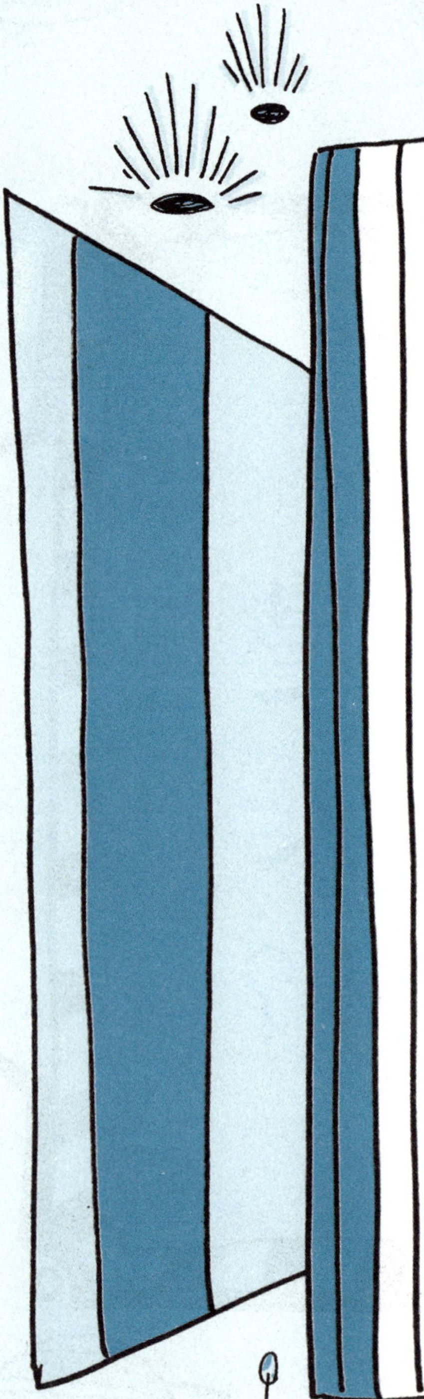

航天科技中也有条形码？条形码是贴在商品上的吗？不是结账时用的吗？

难道飞船外面贴着条形码，外星人出现了，扫一下，就知道这艘飞船多少钱了？如果外星人和航天员讨价还价，大家彼此间语言又不通，该怎么办呢？如果宇宙货币和我们地球货币不通用，又该怎么办呢？

现在收回想象的翅膀，我们言归正传吧！

条形码是将宽度不等的多个黑条和空白，按照一定的编码规则排列而成的图形标识符。

在日常生活中必不可少的条形码，确确实实属于航天科技：它最初并不是用来标记价格，而是为了更好地标记和区分飞行器中不计其数的组件而发明的。没错，它是为太空飞行器设计出来的。

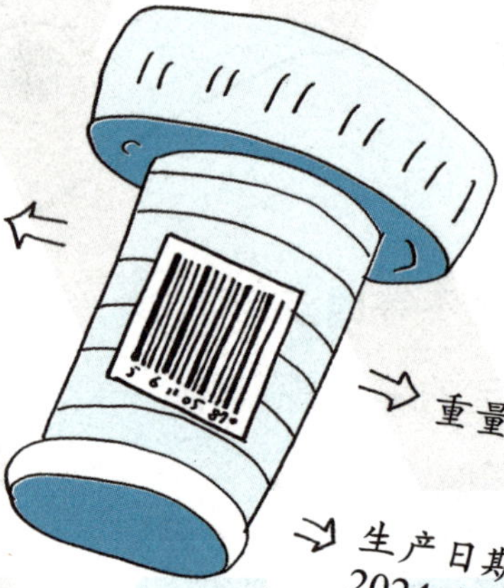

条形码可以携带很多信息，如产品的生产国、制造商、生产日期、类别等，因此可以帮助人们迅速读取所需要查询的产品数据信息。

太空飞行器配备数不胜数的组件，这些组件各自包含不同功能、不同信息。技术人员对这些组件进行检查时，如果采用传统的人工方式，需要花大量的时间和精力，即便这样也不一定能保证完全准确。

同时，太空飞行器涉及飞船、卫星、空间站等众多高科技产品，对质量和安全性的要求非常高，出现任何一个小问题，都可能造成严重事故。因此，记载产品信息的条形码就诞生了！

条形码的出现很好地解决了这个复杂而烦琐的问题。

自从航天器数不清的组件上都标记好了条形码后，当需要校对数据时，工作人员只需要扫一下就可以获得这个组件的全部信息。不但省时省力，准确度还非常高。

除了标记和查找零件，条形码还有质量保障与故障追溯的作用。

因为在航天器生产过程中，条形码对每个零部件的生产信息、质量检验数据等进行了记录。一旦航天器出现问题，可以借助条形码快速定位和查询相关部件的详细信息，为故障原因的分析和排查提供重要线索，可以快速解决问题。

可以说，这些小小的条形码保证了太空飞行器的安全和正常运行。

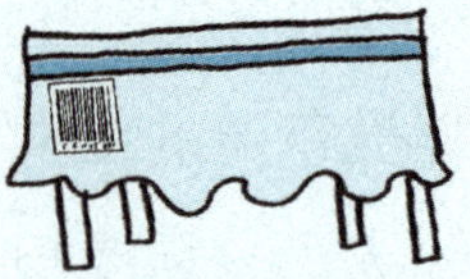

大家一定发现了，现在的生活中，条形码小小的身影随处可见。它可以用来快速分拣物品、识别物品信息。条形码从太空“飞”到人们的日常生活中，为生活带来了极大的便利。

为每个产品分配一个条形码，就相当于给其配上了独一无二的“身份证”。小到铅笔、草莓、衣服，大到家具、电器、汽车、飞机，都被标注上属于自己的、唯一的条形码。

除了标记价格信息外，条形码还标记商品的生产信息及物流信息，有助于防止假冒伪劣商品进入市场，对产品的生产和销售起到了很好的监管作用。

此外，使用条形码可以随时了解商品的库存情况和销售的数量，对于商家统计货物情况很有帮助。

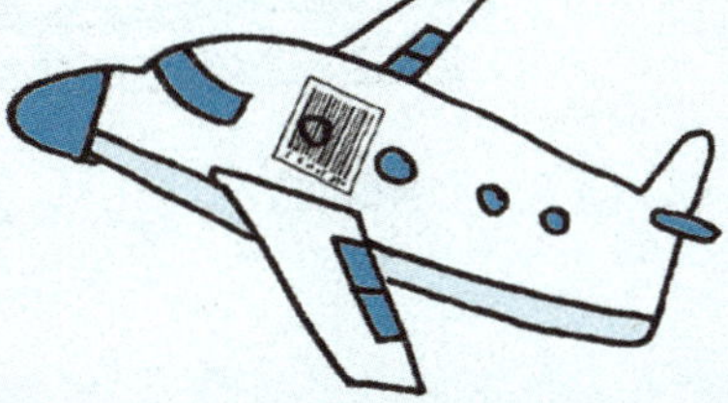

据统计，世界上人们每天要扫描约 60 亿次条形码！想象一下，如果没有了条形码，人们在超市买东西时，售货员拿着长长的产品名录查找价格，结账的人恐怕要排起长龙了。

没想到吧，小小的条形码也来自航天技术！

当我们再次听到结账时扫描条形码发出的“嘀嘀”声，真的应该感谢航天科学家。他们不仅为航天事业付出了努力和心血，也为我们的生活作出了巨大的贡献！

第四问

鞋底和航天飞机有关吗？

我们买鞋的时候会关注一个点，就是是否防滑，那什么样的鞋子才防滑呢？

可以观察一下自己的鞋底。鞋底不光材质不同，各种纹路也不一样。有的鞋底纹路简单，甚至没有纹路，这样的鞋子就不太防滑；有些鞋底的纹路和凹槽是经过专门设计的，这种凹槽叫作防滑槽。

鞋底的纹路和凹槽这些很常见的东西也跟航天科技有关？没错，这些防滑槽最早就是航天技术。

在太空探索的初期，航天飞机还是造访太空的重要飞行器之一。航天飞机和火箭发射不一样，它需要很长的跑道，有滑行和着陆的要求。

刚刚从太空中回来的航天飞机，在雨后湿滑的跑道上降落时，嗖！吱！嘎！那场面简直就像在玩“滑滑乐”一样，让人捏把冷汗。

同样的问题出现在航空领域，飞机降落时，尤其是雨雪天气，最担心的就是跑道湿滑。

科学家为了研究如何减少跑道上的“水滑现象”，进行了反复探讨、研究。当时，科研人员经常在实验室连着工作几天几夜，就为了设计出趋近完美的防滑槽纹路。经过不断试验和调整，最终确定了通过在飞机轮胎上以及飞机跑道上分别刻制特定的、有规律的槽纹，来增加摩擦力。

这些防滑槽看起来就像淘气的小孩在木头桌面上用刻刀划下的一道道拐来拐去、深深浅浅的痕迹。其实，它并不简单。

看起来平平无奇的凹凸槽，每一条的角度、深浅、纹理走势都大有讲究，它们有特定的形状、深度、宽度和间距，这些都关系到它是否能起到更好的防滑作用。

20 世纪 60 年代，首次研发的防滑槽投入了使用。飞机轮胎防滑槽的设计主要通过在轮胎胎面设置直线形沟槽，以增加轮胎与跑道间的摩擦力。再配合路面防滑槽的双重保障，飞机可以稳稳当当地在湿滑的跑道上驰骋，不用担心打滑。

这一技术的研发成功，不仅提升了航空航天飞机的安全，更为地面交通的防滑提供了重要的启示。

不久后，防滑槽的应用就不局限于航天航空领域了。作为一项重要技术，它顺其自然地被应用到民用领域。

先是轮胎的改进设计：汽车轮胎、自行车轮胎都加入了防滑槽的设计。接着是道路交通中的公路和高速建造，大部分引入了防滑槽的理念。根据数据显示，防滑槽诞生以后，公路交通事故一下子减少了 85%。

如今，在商场、医院、学校等公共场所都可以看到防滑槽的身影。它们或嵌入地面，或铺设在走廊、楼梯等区域，默默地守护着人们的行走安全。

这项源自航天科技的伟大发明后来被用于鞋底——就是鞋底上那些好看的图案，它们除了能在沙地呈现美丽外，还能在雨雪天防滑。

第五问

记忆海绵有记忆吗？

人们每天用到的枕头、床垫、靠垫、坐垫、鞋垫等，很多都使用了记忆海绵。它是一种聚氨酯高分子聚合物，当受到外力挤压时，它不会像普通海绵一样立刻恢复原状，而是会逐渐变形和恢复。

记忆海绵也被称为太空零压力棉。看它的别称就知道，这种像云朵一样柔软，还有“记忆”能力的材料和太空有紧密的联系。

没错，记忆海绵最早就是专门为航天员开发研制的。

在升空的过程中，火箭为了摆脱地球引力，冲出大气层，可能会在十几秒内提升到极高的速度。

这时候航天员要承受的过载，高达自身体重的 8 倍。也就是说，航天员这时候身上压着 8 个跟自己一样重的人，而且他们在一起坐过山车（速度肯定比过山车要快很多）。

没有经过训练的人，在承受如此大的过载时，身上的血液涌向下半身，会出现眼前发黑的症状，即所谓“黑视”。如果压力持续，可能会晕过去。

为了更好地保护航天员，科研人员研究了如何加强飞船座椅的舒适性与安全性，以缓解飞船加速脱离大气层和返回时航天员受到的冲击力。

于是，一种能够缓冲 10 倍以上压力的记忆泡沫，也就是记忆海绵被研发出来了。

记忆海绵是一种具有开放式单元结构的聚氨酯高分子聚合物，这种材料的分子受到外部压力时会发生移动来改变形状，以便充分贴合接触物体的形状。

如果理解起来觉得有点复杂，换一种说法可能更好理解：它就和橡皮泥一样，压上去的东西不管是什么形状，它都会紧密贴合在那个东西的表面。

记忆海绵可以将产生的压力均匀地分散到整个接触面上，避免某一接触点压力过大造成损伤。

同时，记忆海绵还具有非常特殊的慢回弹性能。当压力消除时，记忆海绵会慢慢恢复到原来的形状，并且可以重复多次使用。

记忆海绵诞生后，很快就应用在飞船的座椅上。它可以吸收 90% 以上的冲击，在飞船飞离、返回大气层的过程中，记忆海绵都会很好地保护航天员整个身体的安全。有了这样的记忆海绵，航天员在长时间的飞行过程中也可以更加舒适一点。

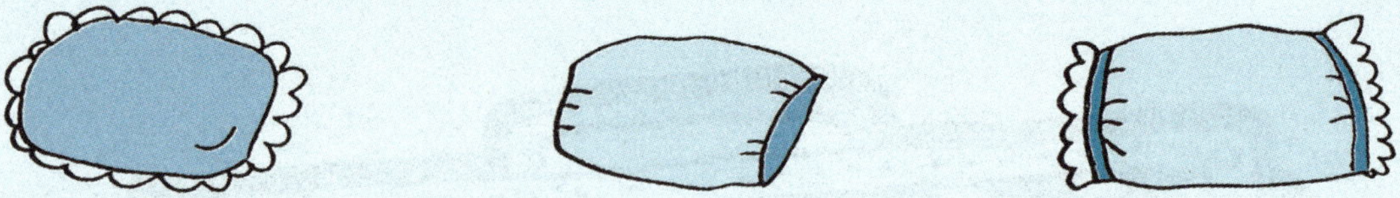

后来，记忆海绵被应用到了普通飞机的座椅上，同样展示了它可靠的保护作用。

据资料记载，当时在美国北卡罗来纳州发生的一起直升机坠落事故中，两名飞行员都只受了轻伤。事后调查结果显示，他们逃过一劫的重要原因，就是这架直升机的座椅上安装了记忆海绵缓冲垫。在坠落的一瞬间，记忆海绵吸收了巨大的冲击力，降低了对飞行员的伤害。

现如今，记忆海绵越来越广泛地应用到日常生活中，在医疗中也有着广泛使用。在轮椅坐垫、康复训练垫、手术体位垫中，都能为患者提供舒适支持，减轻身体压力等。另外，在运动保护、电子产品包装、儿童玩具等多个领域，记忆海绵也彰显着自己的本领。

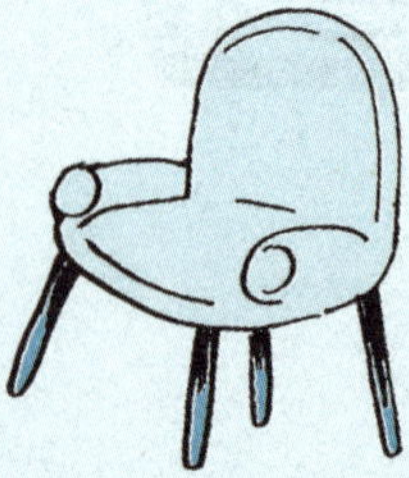

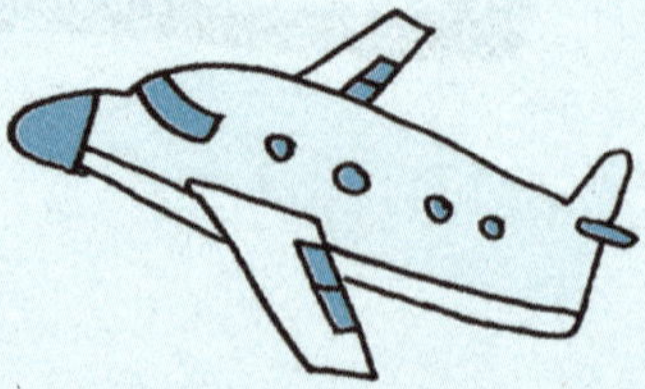

第六问

微波炉有飞船驾照吗？

说到微波炉，没人会陌生吧？

只要把需要加热的食物放进微波炉，轻轻按下时间，当听到“叮”一声后，食物就加热好啦！

说微波炉是厨房中不需要明火、最方便快捷的电器也不为过。

有小伙伴会问，那微波炉和航天有什么关系？

事情是这样的：微波炉可以加热食物的奥秘，来自太空探索中经常会用到的——微波！

但微波炉“身份证”上写的出生地却是地球。是不是被我说糊涂了？那微波炉的出生地到底是太空还是地球？

别着急，一起来看看微波炉的前世今生吧。

微波，其实是一种无线电波。1887 年，德国科学家在证实电磁波的存在时，发现电磁波在传播的过程中遇到金属物会被反射回来，这就是雷达的工作原理。

雷达发出的短波（1 ~ 1000 毫米）以及频率很高（300 兆赫兹 ~ 300 吉赫兹）的电磁波，就是微波。

微波很厉害，能穿透云层，气象条件和日照水平对它影响不大。它还有穿透植被、穿透土层，探测地表下目标的本领！微波图像有明显的立体感，可以提供可见光照相和红外遥感所获取不到的信息。所以，微波能帮助卫星在太空中以高精度、高分辨率来对地面进行观测，服务于航天事业。

微波和红外线的性质看起来很相似，那为什么没有“红外线炉”呢？因为它们最大的区别是，微波可以穿透食物，使食物内部的水分子高频振动，疯狂颤抖，摩擦生热，从而达到加热食物的效果，但红外线是做不到的。

说起微波的这个本领，那就要从 1945 年讲起了。

当时，有一位美国的工程技术员叫珀西·斯本塞（Percy Spencer）。有一天，他从军用雷达微波发射器前走过时，忽然感觉身体有一点热，并且他发现装在自己口袋里的巧克力都化了。

这个现象引起了斯本塞的好奇心，他决定进一步研究微波。他把一袋玉米粒放在“波导”喇叭口前做试验。没过多久，玉米粒竟然真的“噼里啪啦”地变成了爆米花。斯本塞高兴得心里也开了花，他开始尝试在实验室中用微波直接照射各种食物，得出了令人惊讶的结论：微波可以给食物加热！进一步研究后又发现，这是因为分子振动、摩擦而产生的热量。

就这样，1946 年，世界上第一台微波炉出现了，那时候它的名字叫雷达炉。

但是请注意，那个时代的微波炉和现在的微波炉可真是一丁点儿都不一样。

最早上市的微波炉大约有 1.8 米高，重达 340 千克，功率约 3000 瓦，主要面向商业场所，如餐厅、轮船厨房等。如果想把这个庞然大物搬进自家厨房热包子，可能就不合适了。

没关系，科学家有办法。

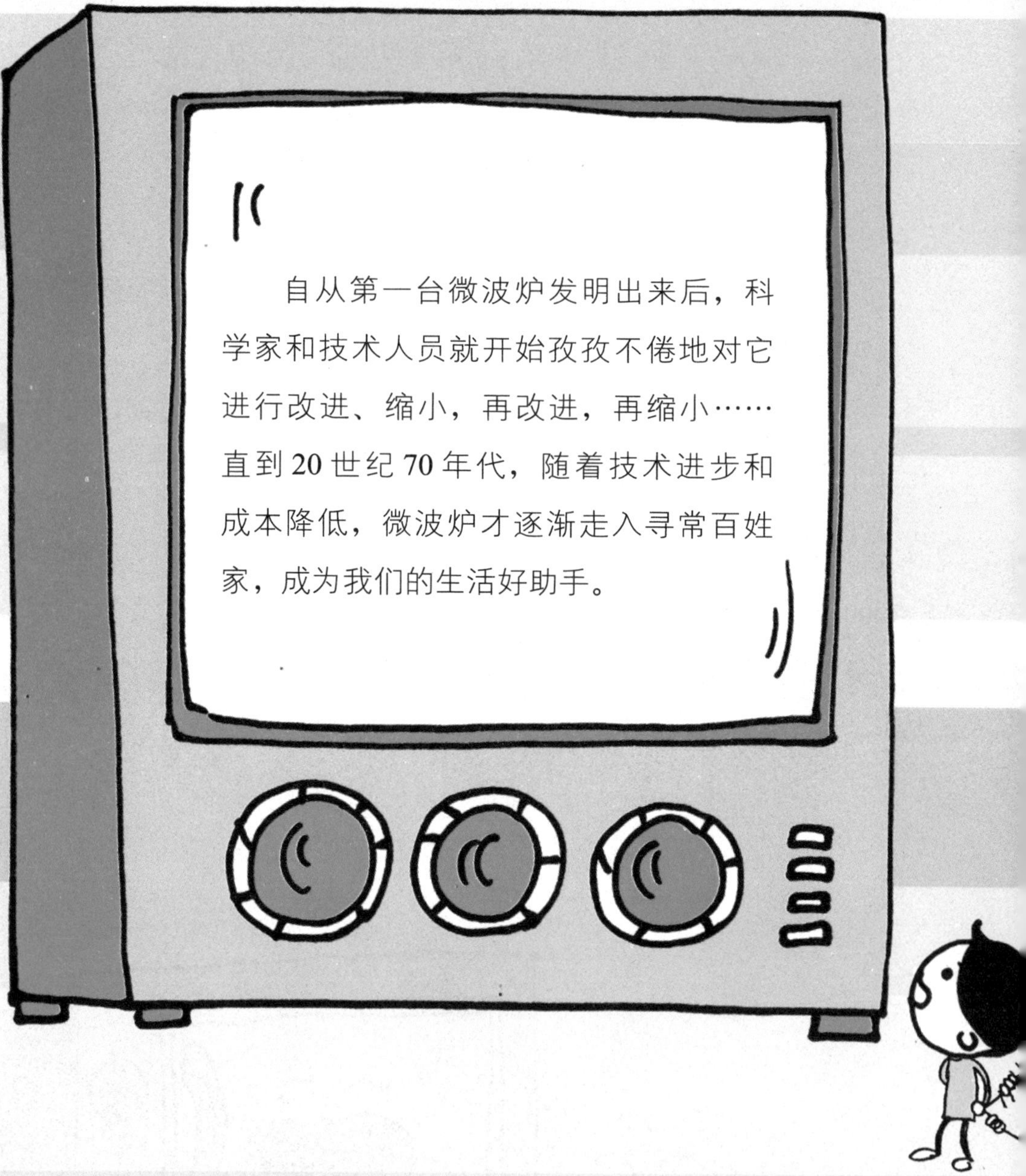

自从第一台微波炉发明出来后，科学家和技术人员就开始孜孜不倦地对它进行改进、缩小，再改进，再缩小……直到20世纪70年代，随着技术进步和成本降低，微波炉才逐渐走入寻常百姓家，成为我们的生活好助手。

随着各种新技术的发展，微波炉的功能也增加了，甚至出现了集煎、炒、炸、烤、蒸等于一体的多功能微波炉；还有可以自动控制加热温度、加热时间的智能微波炉。

明白了吧，微波炉是从地球诞生的，所以它的“身份证”上的出生地就是“地球”！

可惜的是，微波虽然服务于航天事业，但用它的属性发明的微波炉，却因为太空中大气压等各种条件的限制，很长一段时间都没办法在空间站使用。

大家肯定因此感到遗憾：这么好的厨房电器，航天员用不上，真可惜！

别急，我们永远要相信，科学家有办法！

中国科学家用了整整 10 年时间，终于在 2021 年研制出了“航天微波炉”，它和航天员一起来到了天宫空间站。

通过对微波炉磁控管、加热腔等核心零部件进行全方位的优化设计，航天微波炉不仅可以经受火箭升空过程中的高频振荡，还可以做到在太空环境中快速、均匀加热。只要 7 分钟，航天微波炉就能为航天员准备好一顿热腾腾的饭菜。

看吧，小小微波炉的前世今生可以用 8 个字来总结，就是“从天到地，从地到天”！

第七问

谁在给月亮拍照？

在探索太空的过程中，人类需要了解宇宙、星空、月球最真实的样子。想做到这一点，就需要大量的影像资料。于是，勇敢的航天员就需要带回包括月亮情况在内的关于宇宙的尽可能多的资料。

很早以前，胶片相机就被发明出来了。但用它在太空中拍照，还是有一定局限性的。

早在20世纪60年代，人们就在卫星上安装了胶片照相机。问题是，这些拍好后的胶卷，要怎么送回地球冲洗呢？美国科学家研究了很久，想到了一个好主意——把胶卷“扔”回地球！

准备“回家”的胶卷需要先被装进一个特制的金属容器里，才能开启它们的“回家”之旅。

被“扔”回地球的金属容器需要勇敢地穿过大气层，然后经过摩擦减速，扔掉包在外面的隔热层，最后“嘭”地展开一个个大大小小的降落伞。

这些像蒲公英一样的降落伞飘荡在天空中的时候，等候已久的工作人员就可以开着飞机追过去，把它们接回来了。

当然，也不是全部胶卷都能被接回来。

毕竟，每次从太空中“扔”回地球的胶卷，降落地点的准确度不是完全可控的，至少有一半胶卷掉进了海底、森林、沙漠，也有一些掉落到普通人家的后院，被不知情的人捡走。

后来他们认识到这个方法确实不稳妥，就用返回式卫星把所有胶卷带回来。

那有没有一种特殊的相机？这种相机不仅能在太空环境下工作，给月亮拍照，还能把照片瞬间传回地球。有没有更加安全、便捷又高效的图像传输技术呢？

答案当然是有！只要有方向，科学家就不断研究，实现这个美好的愿景。

1969年，美国贝尔实验室的威拉德·博伊尔（Willard Boyle）和乔治·史密斯（George Smith）共同发明了电荷耦合器件（CCD）图像传感器的原型“电荷泡器”。在此基础上，贝尔实验室不断进行试验，最终研制出了用于航天的数字化照相机。它可以通过卫星系统，从太空中以电子信号的方式向地面发送照片。

“阿波罗”飞船上就安装使用了CCD装置，这就是数码相机的原形。得益于这一技术，在“阿波罗”号登上月球的过程中，美国宇航局接收到了很多珍贵的数字图像。

那时候这种数字化照相机专用于航天领域，虽然分辨率还不到30万像素（现在的普通数码相机已经达到1800万～2400万像素的分辨率），但数字图像已经很清晰了。而且它的图像信号可以直接通过卫星系统，快速、顺利地传送到地面指挥中心，这可是航天史上的一大进步！

月球表面坑坑洼洼的样子，虽然与人们想象的不同，但CCD技术在太空探测中的神奇本领，却让照相机厂家发现了商机。他们决定让这种新型的数字图像技术走进千家万户，使每个人都有机会体验马上看到照片的乐趣。

当第一台数字化相机诞生后，你可能难以想象，它像机床一样庞大，非常不方便使用。你可以把它看作数码相机的雏形。

要说真正意义上的数码相机，应该算是1981年索尼公司生产的数码相机。虽然它的体形仍旧很大，价格不菲，储存量有限，但它终于不需要感光胶片帮忙了，因此得到摄影爱好者的追捧。

后来，经过不断研究探索，数码相机的像素越来越高，内存量越来越大，性价比越来越高，成了人们生活中常见的数码产品。

如今，源自航天技术的“视频拍摄电子防抖”功能也被加进了数码相机的功能中。

另外，智能手机上安装的前后摄像头也得益于航天技术中“数字图像传感器”的发明。

源于航天技术的数码相机，已经一步一步地从月亮上走进了人们的日常生活中。

第八问

我们能拥有阳光翅膀吗？

说到太阳能，大家都不陌生。太阳能作为一种天然能源，早在3000多年前就已经有使用的记载了。

别不信，有一个词语叫“阳燧取火”。“阳燧”指的是凹面铜镜，是我们智慧的祖先日下取火的用具，这应该是比较早利用太阳能的记载吧。平时人们用放大镜点火的方法，借用的也是太阳的能量。

但话说回来，真正把太阳能作为一种动力能源，则是最近几世纪的事。

1615年，法国工程师发明了世界上第一台太阳能驱动的发动机。1954年，贝尔实验室又研制出了第一款实用太阳能电池。太阳能的威力被越来越多地开发出来。

那么，太阳能的使用，在哪个领域发挥了最大的能量？答案肯定是：航天领域！

在太空中飞行的所有飞行器都需要电力。这些电力从哪里来？

设立一个“太空充电站”，飞船、卫星、空间站都排队去充电？这种设想肯定不现实。

带上足够多的电池？不方便。毕竟飞行器的载荷是有限的，总不能丢掉所有装备，背着一身电池上太空吧？

很快，科研人员就发现了一个能源宝库，就是太阳能！

太空中没有大气层的阻隔，太阳光的强度比在地球高，而且不用考虑夜晚和恶劣天气缺少阳光的问题，太阳能的发电效率会比在地面上强很多。

这样，科学家就考虑让太阳成为给飞行器充电的“电源”，因为它可以为航天设备提供长时间的供能。最重要的是，它的能量取之不尽、用之不竭，这可比背着电池飞上天划算多啦。

确定了这个能源宝库后，航天领域的科学家不断研究和测试，从太阳能电池到太阳能板，再到面积越来越大的太阳帆。

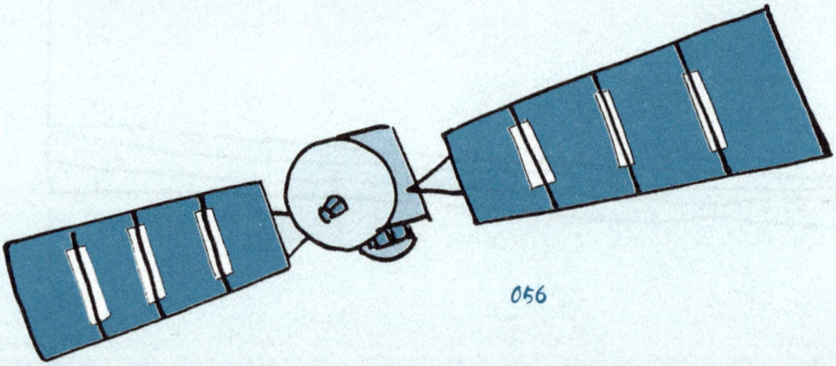

它们就像一个个载满阳光的大翅膀，为卫星、航天飞船、空间站、降落在月球和火星表面的探测器等各种航天器提供能源。

可以说，航天领域是人类历史上第一个大量、全面使用太阳能的领域。也正是因为有了在航天领域的广泛应用，太阳能技术才快速发展起来，被大量开发与应用于其他领域。经过不断改良和优化之后，太阳能这一航天技术走进了我们的生活，被应用到方方面面。现在比较“热”的光伏产业就是民用太阳能的典型。

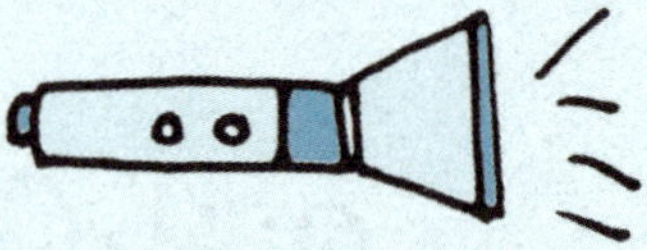

现在看到街道两边的太阳能路灯是很稀松平常的事，每到夜晚它们就亮起来；太阳能热水器用起来省时方便又省钱，走进了家家户户；太阳能电车也在快速发展。

最重要的是，作为清洁环保能源，使用太阳能比使用传统的煤炭等能源更加环保，不但减少对大自然的污染，还有利于地球的可持续发展。

由此来看，太阳能不仅在航天探索中扮演着重要的角色，也在人们的日常生活中占据着越来越重要的位置。

太阳能的利用已经从航天进入了民用。小到太阳能手表、太阳能手电筒、太阳能计算器、太阳能玩具，大到太阳能电车、太阳能光伏发电站……这些载满阳光的“翅膀”，将带着人类飞向更美好的未来！

第九问

怎么让航天服变成鞋子？

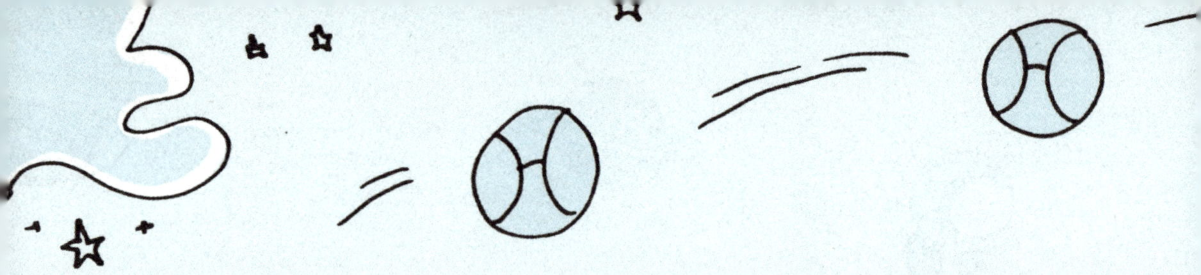

航天员可以在太空中打篮球吗？

航天员可以穿篮球鞋在太空中打篮球吗？

航天员可以穿带气垫的篮球鞋在太空中打篮球吗？

如果你认为航天员和气垫篮球鞋一点关系都没有，那可就大错特错了。太空中虽然不能打篮球，但打篮球时穿的气垫鞋可是属于航天科技，最早是为航天员设计的。

航天员在太空中有专用的航天靴。回到空间站里飘来飘去，根本就不用穿鞋，怎么会用到气垫鞋?

在阅读的过程中，能思考、会提问的小朋友就是好样的！想知道这其中的关系，就让我们一起看一下吧。

在航天技术并不像今天这么发达的年代，航天员想在太空行走非常不容易。

1965 年 3 月 18 日，“上升 2 号”飞船将苏联宇航员阿列克谢·阿尔希波维奇·列昂诺夫（Alexei Arkhipovich Leonov）送入太空，他成了离开飞行器，在太空中漫步的第一人。

其间出了一个“要命”的小插曲，让这次太空漫步变得不那么完美。

当时苏联人民在观看列昂诺夫踏入太空第一步的现场直播。列昂诺夫表现非常出色。他拍了照，移动了飞船外部的物体，甚至还在太空中翻了几个跟头。当时他可能非常想大喊一声：“嗨，蓝色的地球好美啊！”

活动了 12 分钟后，列昂诺夫准备回舱，意外出现了：列昂诺夫的航天服忽然膨胀起来，一下子变成了“大气球”！

原来，因为这是人类第一次穿着航天服出舱，航天服设计师没有考虑到，太空中是没有大气压的。没有外面的压力“压”着，航天服内胆中的空气开始向外“跑”，所以航天服慢慢膨胀起来。

这个设计疏漏让列昂诺夫的身体温度快速上升，接近中暑边缘。而且因为“变胖”，列昂诺夫没办法进入 3.9 英尺（相当于 1.19 米）宽的气闸舱门返回飞船。更糟糕的是，因为航天服膨胀，导致列昂诺夫身体失去平衡而打起了转，害得他被安全绳紧紧缠绕。

他当时也许在想，自己现在不仅是第一个在太空漫步的人，如果不够幸运的话，还可能会成为第一个留在太空的人。

还好，列昂诺夫急中生智，他冒险放掉了航天服中的空气，给航天服降压，最后成功返回飞船中，顺利回到了地球。

在吸取这一事件的教训后，新研发的航天服考虑得更周全了。

为了制造既完整、厚度均匀，还能适应太空环境的航天服内胆，工程师把一团耐压软材料加热软化，放在模具中，然后向这个模具中吹入高压气体，利用空气压力将材料均匀制型。这就是“中空吹塑成型”技术。

用这种技术制作出的航天服具有特定形状，需要良好气密性和一定强度的部件，比如航天服的一些防护层或是带有中空结构的缓冲部件等。使用了全新技术的航天服再次进入太空后再也没有出现过膨胀成“大气球”的情况。

1977 年，工程师弗兰克 · 鲁迪（Frank Rudy）突发奇想，打算把这项技术用于人们的生活中。他把空气注入耐用而又灵活的薄膜中，制成鞋底，使鞋底的受力更加均匀，并提供了良好的缓震性能。

于是，气垫鞋问世了！它的诞生，让运动员和热爱打篮球的人都体验到了“航天级别”的服务。

现在知道了吧，如果没有航天服的改进，哪有现在舒适的气垫鞋呢？

所以，穿上带有气垫的运动鞋时不妨想一想，脚下蕴含着太空的力量。这不仅仅是一双运动鞋，更是一次科技的飞跃，是航天技术赋予人们的无尽可能！

第十问

如何露出来自太空的微笑？

看到上图你是否会这样猜：今天要讲的是哪一件“藏”在生活中的物品呢？镜子？龋齿？

不不不，图上画的是一个戴着牙套，正在矫正牙齿的小朋友。

现在人们越来越关注牙齿健康、美观了，戴牙套的人并不少见。有些人觉得自己的牙齿不整齐，就想戴上牙套进行矫正。经过一段时间的矫正，牙齿会变得美观。

虽然航天员不能戴着牙套去太空“出差”，但是牙套这个产品还真和航天科技有很大关系！

说到牙套，这就要从人类探索太空的初期讲起了。

为了将各种太空飞行器送入太阳系，航天科学家研究了很多性能不同的特殊材料，对大部分材料的基本要求是既要轻，又要耐用。其中，就有一种叫作多晶氧化铝的材料。

这种半透明的多晶氧化铝（简称TPA），是由美国国家航空航天局和一家陶瓷公司合作研发的。没错，他们研发的不是陶瓷餐具，也不是陶瓷茶具，而是航天材料！

在科学家的研发过程中，他们发现多晶氧化铝拥有“热塑性弹性体”的特性，非常适合用在“热能追踪导弹”的天线保护套上。

多晶氧化铝可以对红外线天线加以保护，同时还不会减弱雷达接收信号传输的强度。

在科学家研究这种半透明材料的同时，一家名叫 Unitek 的牙齿矫正器材公司也在尝试设计一种新型的、更加美观的矫正牙套。

传统的金属牙套虽然很有用，但不够美观。在牙齿矫正器材公司四处寻找坚固到可以做支撑矫正，同时轻薄透明、佩戴不会特别明显的材料时，航天材料多晶氧化铝出现了！

这种半透明的陶瓷纤维材质让牙齿矫正器材公司眼前一亮：这种给导弹用的材料也可以尝试用在牙齿矫正上啊！

1986 年，这家牙齿矫正器材公司联系上了多晶氧化铝这种新型材料的研究人员，尝试使用航天材料制作一款全新的牙齿矫正器——隐形牙套（也叫透明牙套）。

它利用多晶氧化铝的特性，经过牙齿取模后，由计算机进行 3D 打印制作而成。与传统金属牙套相比，这种半透明牙套处处彰显着科技的味道，无疑使矫正牙套有了更多的选择。

看到这里，是不是很难想象，从热追踪导弹到牙齿矫正套，看起来风马牛不相及的两种东西，其实使用了同一种材料。

后来，隐形牙套正式运用在牙齿矫正中，一上市就受到人们的广泛欢迎。

让我们一起露出自信的笑容吧，这就是航天科技造福人类的又一次高光时刻。

第十一问

眼镜片和飞船有关吗？

今天，我们来说说眼镜吧。

难道眼镜也是为航天员设计的？当然不是。想成为航天员，需要视力非常好，这样才有机会成为飞船“船长”，也就是指令长。当然，戴眼镜也有希望进入太空，但戴眼镜的航天员主要任务是搞研究，不能驾驶飞船。

所以，想成为飞船的指令长，还是要爱护眼睛。

说了半天，眼镜到底和航天科技有什么关系？重点就是眼镜片。

现在的近视镜、远视镜、太阳镜……许多生活中使用的眼镜片都和航天科技有关。

过去，眼镜片是用玻璃制成的。那时的眼镜片，度数越高就越沉、越厚。戴上500度的近视眼镜，那真的像戴了两个“酒瓶底”。

这样的眼镜最大的问题是，一不小心，玻璃眼镜片就容易压碎、撞碎、摔碎。万一再伤到眼睛，那多可怕啊！佩戴这种眼镜，既不美观，鼻子也会被压得难受。

人们希望有一款轻薄、不易碎的镜片。这对眼镜厂商来说，可是一个天大的难题。

研发初期，眼镜厂商使用塑料制作镜片。和玻璃镜片相比，塑料镜片重量更轻，佩戴更舒适，而且损坏时不会出现玻璃碎片，避免了对眼睛的伤害。

但不久后大家就发现，塑料镜片有非常明显的缺点，就是强度太低，非常容易出现划痕。镜片出现划痕会影响清晰度，让人眼前出现“磨砂”效果。

眼镜厂商只好继续研究，寻找可以让塑料镜片少出现划痕的办法。

几乎在同一时期，在遥远的太空中，航天员面临着同样的问题。

要知道，在太空环境中，飘浮的灰尘和小颗粒等物质太多了，这些物质虽然很小，但对于航天员的航天面罩会造成损害。

不计其数的划痕不仅模糊了航天员的视线，对完成任务也造成了不好的影响。而且，划痕密布使面罩强度变低，受到击打后容易发生破损，从而危害航天员的生命安全。

为此，航天科研人员经过不懈的努力，终于发明了一种含有高硬度石英材料的特殊涂料。把这种涂料喷涂到航天器和航天员头盔的面罩上，可以提升它们的强度和抗磨损能力。

增加这种特殊涂层以后，航天面罩上的划痕明显减少了，面罩的强度也提升了。戴着这样的“超强”头盔，航天员再也不用担心太空环境中的灰尘和微小颗粒造成的伤害了。

与此同时，航天器和空间站的观测窗上也用到了这种涂料。它能够保证航天员在进行太空观测、导航以及对接操作等任务时，玻璃的光能性能不受损，保持良好的清晰度和透光性。

后来这项技术被用在日常眼镜片上了吗？没错，猜中了！

后来，一家眼镜制造商获得了航天局的授权，将这种特殊涂层应用到了常用的眼镜片上。

看起来简单的一种涂料，一下子使塑料镜片、树脂镜片的抗划伤能力增强了10倍以上。难怪它会得到“超强镜片”的称号呢！

从此以后，戴眼镜的人不用担心轻轻一碰，眼镜片就会出现划痕了。

再后来，经过不断的研究和改进，这种来自太空技术的特殊涂层不仅用到了眼镜片上，还被广泛地应用到相机镜头、显微镜、望远镜片、赛车头盔面罩等产品上。

拥有“超强”属性的航天科技，被运用在不同的领域，在这些领域发挥本领，造福人类，听起来是不是很神奇？

第十二问

是谁闻到烟味就尖叫？

大家有没有注意到，在写字楼、商场、酒店，还有各家各户的厨房天花板上，都装有一个像白色飞碟一样的小玩意儿——烟雾探测器。

没错，说的就是它。

一旦有火灾发生，散发出的烟雾被烟雾探测器发现后，烟雾探测器会第一时间发出尖锐的警报声，提醒人们尽快灭火或撤离。

这个闻到烟味就“尖叫”的烟雾探测器，虽然看起来身材小巧，但它挽救过很多人的生命。

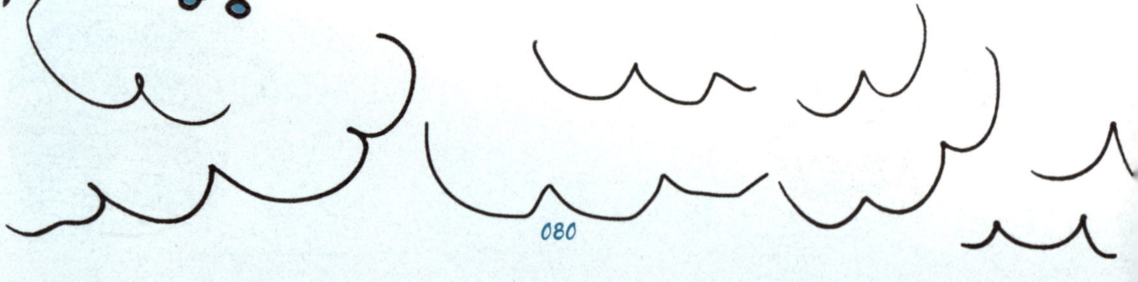

事实上，烟雾探测器的诞生和航天技术分不开。

20世纪70年代，航天工程师意识到，在航天器和空间站的密闭环境中，火灾是极为严重的安全威胁。万一空间站里出现了火情，该怎么尽早发现并尽量减少损失呢？

于是，世界上第一个“可调式烟雾探测器”应运而生。它进入太空后，承担起了空间站实验室的火灾报警任务。

为什么说是第一个可调式烟雾探测器呢？

其实在可调式烟雾探测器出现之前，已经有类似的烟雾探测器了。不过，早期的烟雾探测器的原理是空气采样。由于受到空气中灰尘颗粒的干扰，常常会出现错误判断，动不动就“尖叫”！

可想而知，这种烟雾报警器很容易造成混乱。

由于航天环境的特殊性，航天烟雾探测器有了更高的要求。它们不仅需要适应太空的微重力，还要更精准。于是，可调式烟雾探测器就诞生了。它采用的是一种叫镅-241的放射性元素来探测烟雾或有害气体。

简单说，当正常空气中的氧和氮粒子穿过烟雾探测器时，它不会发出“尖叫”。只有烟雾粒子进入探测器，破坏了这种化学反应，才会触发警报。

这种烟雾探测器可以更精准地帮助空间站监测火情。航天员还可以调节探测器的敏感度，根据不同的环境随时调整，避免出现错误警报。

现在，绝大部分场合所使用的烟雾探测器，都是从空间站里的可调式烟雾探测器发展而来的，这个小设备已经被广泛应用到人们的生活中。

为了更好地保护人们的生命和财产安全，中国的科学家还不断地对烟雾探测器进行着新的探索和研究。

以沈阳消防研究所为例，他们研发的窄带物联网“智能火灾预警系统”，已经不只有单一的报警功能了，它结合了感知层设备、物联网、无线联网火灾预警监控平台以及终端App等现代化设备，能够做到全面感知分析火、电、气、水等环境参数，并通过网络预测，提升了预警的精度和效率。

还有我国的海康威视可视化烟雾探测器，在烟雾探测的基础上，增加了高清录像和移动监控功能，能够实时记录现场画面，提高了火灾预警的及时性和可靠性。希望在不久的将来，家家户户都能安装一个这么先进的防火装置。

从太空中的“移动房子”，到人们居住的房子，有了闻到烟味就“尖叫”的烟雾探测器的保驾护航，人们的生活会更加安心。

第十三问

地铁能跑出航天速度吗？

想探索太空，最先要解决的问题是什么？

训练航天员“翻跟斗”，让他们返回地球的时候不会头晕；学习操作机械臂，在太空中维修太阳帆的时候用得上；制作太空食物，既要美味、营养，又要好吸收。

这些当然很重要。但是，为了让飞船安全地进入太空，科学家首先要解决的，就是研制出制造飞船的材料！

这种材料不仅要能承受起飞和降落时的冲击，还要能抵挡发动机、各部件高速运转时产生的震动。因为飞船需要穿越大气层，所以必须能够承受极高的高温和极低的低温。

想想看，普通的材料肯定无法适应这些挑战，这就需要研发更多的新型材料。

在研发新型材料这件事上，科研人员一直很努力。据统计，迄今为止，中国研发出的新型材料有1100余种，其中大约80%是在航天事业的发展过程中陆续研发出来的。

航天新材料的特点就是可以提高飞船的有效载荷、机动性和续航距离。同时，因为这些材料的重量比传统的钢铁材料轻得多，所以可以节省燃料，降低飞行成本，真是非常实用。

随着科学技术的发展和创新，这些航天材料也来到了人们身边。

毫不夸张地说，你、我、他，每个人都使用过，或者说因此受益。

不信？那就来看看吧。

请看，使用到航天材料的物品，最常见的就是手机。

原来的手机又厚又沉，为了更方便人们使用，手机研发人员在手机的外壳上使用了强度高、质量轻、易于加工的铝合金和镁合金等材料。这样一来，手机就变得轻便、美观了。

平板电脑、笔记本电脑和台式电脑同样如此。

铝合金和镁合金就属于航天新材料的一种。

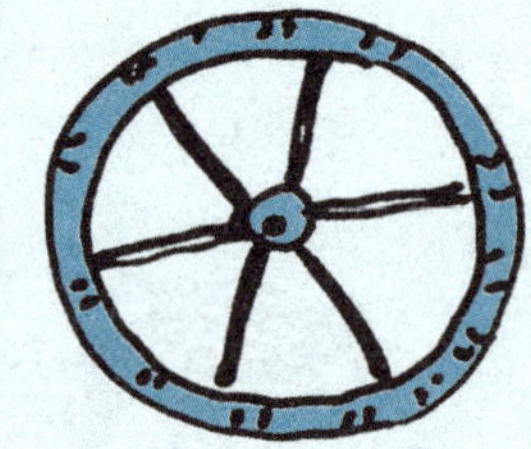

如果不了解电子产品，没关系，说点更贴近人们生活的例子，比如不锈钢餐具。

虽然不锈钢材料最开始不是专门为航天研发的，但因为航天领域的诸多应用，比如某些航天器的外

部支架、连接部件等，不锈钢的耐腐蚀性和强度可以发挥作用。于是，传统的不锈钢变得更加高强度与轻质化，耐高温性和耐腐蚀性也提高了。也可以说航天技术让不锈钢变得更加“强大”！

如今，不锈钢用品已经成为家家户户不可缺少的物品。不锈钢刀叉、勺子、饭盒、洗菜盆，都具备了耐腐蚀、易清洗的特点。

再举一个例子，近些年来出现了一款特殊的保温杯。它利用相变材料的蓄热特性，可以让杯中的开水很快变成温水。对于课间十分钟想要喝水，又怕烫嘴的同学来说格外方便。

刚才说的是“小物品”，接下来我们再说点“大家伙”！

现在汽车使用的铝合金轮毂，比传统的钢制轮毂更轻，能够减少汽车的重量，提高燃油效率；有些汽车的引擎和排气管等部件也采用了耐高温的合金材料，有效延长了引擎的使用寿命。

更厉害的是，人们平时乘坐的地铁，它的“导电金属轨”也是采用航天领域中的钢铝复合金属制造出来的。有了这种材料，轨道的导电性能更好，电流容量更大，地铁也跑得更快。

从飞船到地铁，再到小小的保温杯，航天材料的用处真不少。

将来，不知道还会出现什么样的航天材料，这些材料又会给日常生活带来什么意想不到的惊喜，就让我们拭目以待吧！

第十四问

空气怎么“洗”？

航天员在太空漫步时，需要穿上舱外航天服，借助航天服上的氧气罐进行呼吸。其实，在飞船和空间站里，也有独立的氧气供应系统。所以，我们并不用担心航天员会在太空中出现“缺氧”的情况。

但喜欢思考的同学会提出这样的担忧：每个人都在吸入氧气，呼出二氧化碳，航天员也一样。可太空中的空间站是个密闭空间，如果空气中的二氧化碳不断增加，氧气含量不断减少，航天员不会呼吸困难吗？

事实上，各种仪器、设备会散发出气体和微小颗粒，当这些污染物达到一定浓度的时候，会不会对航天员的生理和心理产生影响，危害航天员的身体健康？

而且，在太空中可不能随时开窗通风。就算能开窗，太空中也没有人类赖以生存的空气，更别说新鲜空气了！

这些问题非常好。很早以前，从事航天研究事业的人也有同样的担忧。

还记得我们经常说的那句话吗？办法总比困难多！

这次科研人员研制出的办法就是——“洗”空气！

为了更好地保证航天员的健康，也为了航天任务顺利完成，“空气净化技术”应运而生。

科学家在飞船或空间站里安装了一套复杂的空气净化系统，它通常会使用高效空气过滤器（HEPA），这种过滤器能够有效去除空气中的微粒，如灰尘纤维、毛发等，对于粒径大于 0.3 微米的微粒，其过滤效率可达到 99.97% 以上。

另外，它还有化学吸附作用，主要是利用活性炭等吸附材料。因为航天员呼出的二氧化碳以及航天器内设备可能释放的有害化学气体（如甲醛、苯等），都需要被去除。活性炭会对这些气体进行吸附，从而净化空气。

在工作过程中，空气在通风系统的带动下，首先经过过滤，去除微粒；然后进入化学吸附单元，处理有害气体；最后经过催化氧化等进一步净化步骤后，重新回到航天器的生活和工作舱内。

这一循环过程，就像把空气“清洗”了一遍似的，能够持续为航天员提供清洁、安全的空气环境。

这项技术原理听起来一定非常耳熟。

没错，它就是从航天技术转变成民用技术，常常出现在人们生活中的“空气净化器”。

当室内空气不流通，尤其是在雾霾天气、刮沙尘暴不敢开窗的时候，时间一长，屋子里的空气质量就明显下降。

这时候就用得上空气净化器了。比空气净化器更方便的，还有全屋安装的“新风系统”，它们都可以起到净化空气的作用。

除了家庭中需要空气净化系统，有一些场所更需要。

医院就是这种场所的典型。医院是空气中细菌和病毒含量较高的地方，空气净化系统必不可少。它可以过滤掉空气中一部分有害物质，就像为医院的环境进行了简单消毒一样。

在一些粉尘比较多的工厂中，空气净化系统同样发挥了很大作用。它能够过滤微小颗粒的污染物，不但有利于工人的健康，也有利于环境保护，避免造成二次空气污染。

所以说，航天技术不仅仅应用于航天领域，它对社会乃至整个地球，都发挥着重要的作用。

第十五问

“航天耳朵”和“航天眼睛”是什么？

我们都知道，声音让生活变得多姿多彩，充满乐趣。

对于听力受损的人来说，即使借助助听器，可能也无法完全满足他们“听”的需求。为了解决这个问题，人工耳蜗就诞生了。它成了耳疾患者与这个有声世界的桥梁。

“人工耳蜗”这个词听起来并不陌生，但对早期的植入式人工耳蜗来自美国肯尼迪航天中心这件事，人们可能知之甚少。

当时，一位叫亚当的工程师利用航天项目中“声音和振动传感器系统”方面的原理，使用电脉冲将声音放大，开发出这样一款产品，就是早期的人工耳蜗。

由此来看，人工耳蜗的发明借鉴了航天技术。

人工耳蜗与中国的故事开始于 1993 年 6 月。

当时澳大利亚总理访问中国，提出了开展人工耳蜗项目合作的建议。1995 年，中国的人工耳蜗植入研究正式开始。

随着几十年工作的不断开展，目前中国的人工耳蜗技术已经非常成熟。

2003 年，中国首个拥有自主知识产权和独立创新技术的“多道程控人工耳蜗”研制成功。这标志着中国成为世界上为数不多可以独立研制和生产人工耳蜗的国家之一。

近年来，为了延长人工耳蜗的带电时间，来自航天技术的超强蓄电池也派上了用场。

讲完“听得见”，我们再来说说“看得清”。

有数据统计，几十年来，全世界近视的发病率越来越高。如果不配戴眼镜，近视眼的人看什么东西都模模糊糊。

上课时老师写的板书看不清，知识就吸收得不好；路上遇到朋友，会因为看不清而“无视”，显得很没礼貌……

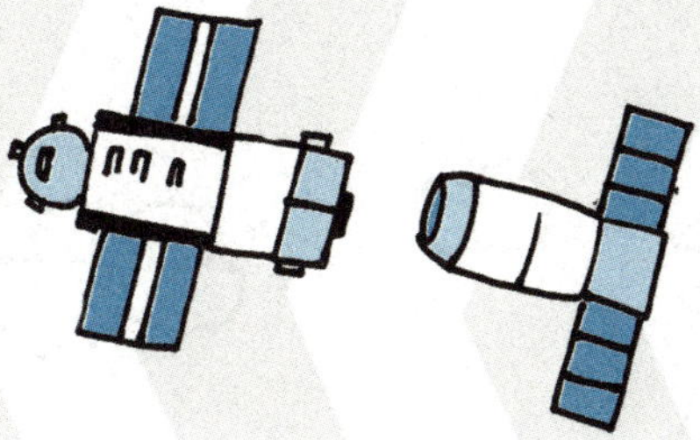

为了解决世界各地近视眼群体的烦恼，经过科学家不断努力，飞秒激光技术应运而生。

首先，飞秒激光技术非常安全。它能够精确控制角膜切削的深度和范围，手术全程由电脑控制，数据精准，大大降低了手术风险。

Intra Lase 飞秒激光近视手术，已获美国航空航天局（NASA）批准用于宇航员，它与“波前像差引导技术”联合，保证了极高的安全性和视力矫正效果。

其次，飞秒激光手术创伤小，术后恢复很快。一般术后第二天就可以正常用眼。这对于需要快速恢复视力以投入训练和任务的航天员来说非常重要。

最后，飞秒激光手术可以精确地调整角膜的屈光度，有效矫正近视、散光、远视等问题，改善视力，使航天员获得更好的视觉质量，更好地完成各种复杂的航天任务。

随着科技的发展，人工耳蜗和飞秒激光技术仍然在不断创新，逐渐向数字化、智能化方向发展。它们为听力障碍和视力有问题的人提供了更好的辅助医治方案，帮助更多人听得见和看得清。

第十六问

“魔毯”是怎么飞进马拉松的？

你知道吗，在空间站里有一种银光闪闪的物品，它不是银色汤勺，不是白铁皮箱，不是穿衣镜，而是一条毯子。

毯子会发出银色的光？没错，这就是在太空中具有重要隔热功能的“急救毯”，也叫“太空毯”。

它最初的形态是一种轻质铝板，是1964年由美国马歇尔太空飞行中心设计出来的，主要用来反射太阳辐射热，减少飞行器的热量吸引，从而防止太空实验室温度过高。简单来说，它就是空间站的遮阳板。

虽然只是一块薄薄的金属板，但要了解它的太空技术可得费一番功夫。

这种铝板上的涂层是通过叠合多层含金属的轻质聚酯薄膜形成的，这样形成的反射式隔热层，不论是质量还是面积，都比其他同类型材料效果好得多。

后来，研究人员借鉴反射材料的特性把蒸发的铝沉积到聚酯薄膜等材料上，得到了一种一面镀有金属涂层、可以折叠、具有热反射特性的薄毯，这就是后来的太空毯。

自从太空毯研发出来之后，就被用在各种航天器和保障航天员生命安全的设备上。

1973年，国际空间站的一个外部遮阳罩遭到损坏，过高的温度危及了空间站里航天员的生命。

航天员只好拿出太空毯制作了一个临时的遮阳罩。没想到，它就像“魔毯”一样，真的将空间站内部的温度降低到了正常水平。

自从那次事件后，小小太空毯就“一战成名”：它不仅成为航天领域的“明星”，也“飞”入了世界各地常见的马拉松比赛中。

早在马拉松运动兴起时，人们就发现了一个问题：马拉松比赛的时间和距离都比较长，参赛者穿的衣服很少。当遇到气温骤降或者早晚温差过大的情况时，参赛者会因为热量流失而感到身体不适，这种状态被称为“失温”，失温严重会危及生命。

于是，马拉松官方就想到了无比强悍的太空毯。

这种薄毯一面是隔热涂层。当涂层面向身体时，人体产生的97%的热量被反射回来，让身体保持温暖；当涂层翻转朝外时，又可以像反光镜一样，把热量反射出去，让选手保持凉爽。

1979 年，美国纽约市的马拉松比赛上，主办方第一次向参赛者发放了太空毯，选手在需要的时候可以把它披在身上。它不但可以隔热、保温，还可以防水防风。

因为它在马拉松比赛中起到了保障运动员健康、安全的作用，也被称为“急救毯”。

除了马拉松比赛，当有人在寒冷环境中出现失温状况，如登山者遭遇暴风雪、野外探险者落水、老人在寒冷天气晕倒在户外，都可以用到急救毯。另外，在灾难现场，急救毯也可以帮助避难者保持体温，等待救援。

现在，急救毯被使用在越来越多的场合，成为户外探险运动的必备安全保障物品之一。难怪人们称这项高端的太空科技为“用途百变的太空魔毯”呢！

第十七问

你有航天员专用电脑吗？

说到笔记本电脑，大家一定不陌生。笔记本电脑之所以被叫作“笔记本”，当然是因为外形小巧，放在桌子上就像一个笔记本一样。这种可以随手带走的电脑，也是航天科技的衍生品。

没想到吧，小巧、方便的笔记本电脑，其实最早是航天员的专用电脑，是为了更好地发展航天事业而诞生的!

笔记本电脑被发明之前，台式电脑非常重，一般在 16 ~ 20 千克。机箱将近 5 千克，重的机箱达 8 千克。显示器像个长着巨大后脑勺的方脑袋，有 3 ~ 5 千克的重量！再加上 12 千克左右的主机，还有电源、硬盘、光驱、主板……加在一起，它的重量可不轻。

就算后来的显示屏变薄了，但台式电脑的总重量还是很重。

那么问题来了，航天员想把电脑带到太空中去使用，怎样才能实现呢？

20 世纪 70 年代，笔记本电脑的研制开始了。因为飞船的载荷是有限的，如果想带电脑上太空，可能就要卸掉其他物品，耗费的燃料也会变多。

科学家的目标是制造出轻薄小巧、功能强大的电脑，它既可以提高航天员的工作效率，又可以节省航行空间和节约燃料。

1979 年，科学家终于从扇贝上获取了灵感，尝试制造出了一台拥有 64KB 内存、11 千克重的电脑。它的出现，为笔记本电脑后期的进步和研发奠定了基础。

1981 年，英特尔公司推出了一款有 5 英寸（约 12.7 厘米）屏幕、两个软盘驱动器、一个调制解调器、一个电池组和一个内置键盘的笔记本电脑。

尽管它看起来还是很笨重，重量超过 10 千克，但它是人们尝试在移动场景中使用电脑迈出的第一步。

1982 年 4 月，世界上第一款翻盖计算机 Grid Compass 1101 被制造出来。它为现代笔记本电脑的外观设定了标准。

1993 年，Think Pad 750C 诞生，并在同年跟随航天员登上太空，成为第一台进入太空的笔记本电脑。

随着技术不断进步，航天计算机可以很好地在太空微重力环境中运行，可以说，它经受住了太空环境的考验。

有了航天笔记本电脑的起步和基础，生活中的笔记本电脑的设计和功能发展得越来越快：它们在外形上越来越接近现代笔记本电脑产品，翻盖设计使屏幕可以对着键盘折叠，便于携带，同时保护屏幕和键盘。

进入 21 世纪后，中国也在航天笔记本电脑的发展上取得了巨大的成就。

我们在“天宫课堂”的视频中可以了解到，在天宫空间站的实验舱里，有好多笔记本电脑在工作。

航天员有了这些笔记本电脑，不仅可以更好、更快地执行任务，还可以实现视频通话，快速保存、用网络传输照片及视频等资料。

有了航天技术的推动，笔记本电脑变得越来越轻薄，性能越来越强大。人们工作、学习和娱乐也变得更加方便了。

使用笔记本电脑搜索世界各地的新闻、上网课、玩游戏的时候，不妨感谢一下航天科技作出的贡献吧。

第十八问

戴不戴墨镜？这是个问题！

每到炎热的夏天，大街小巷就能看到戴着各式太阳镜的人。

不要以为这些叔叔阿姨、哥哥姐姐戴太阳镜仅仅是为了装酷、耍帅、臭美，其实更重要的是，戴上太阳镜可以保护眼睛不被紫外线伤害。

今天要讲一讲太阳镜和航空航天之间的关系。

这种关系还要从一个故事说起……

有一位叫约翰·麦克里迪（John Macready）的美国空军中尉，他是一位非常有经验的飞行员。

在多次飞行的过程中，他深刻体会到，在天空中看太阳实在是太刺眼了。

刺眼还不是最难受的，问题是，强烈的阳光会给眼睛带来伤害。1923 年，在一次驾驶飞机横渡大西洋时，由于太阳光直接照射进驾驶舱，约翰·麦克里迪感到了恶心、呕吐和头疼。

后来医生诊断说，这些症状都是由于约翰·麦克里迪长时间在空中飞行，受到强烈阳光的干扰，产生了一系列身体不适的连锁反应。

这次经历过后，这位热爱飞行的飞机驾驶员开始四处寻求解决方案。最后，他拜访了一家眼镜制造公司，想定制一种能有效阻挡强烈太阳光线的眼镜。

这家眼镜制造公司认为这样的眼镜会有市场，于是经过反复的试验与研发，1930 年，世界上第一副为飞行员研发的太阳镜诞生了。

不得不说，当时那种绿色镜片的飞行员眼镜简直太酷了。它不仅造型帅气，还能够吸收部分太阳光线，屏蔽热能，保持良好、清晰的视线。

于是，太阳镜得到广大飞行员的认可。

那么，这种制作飞行员眼镜的航空材料是否适用于老百姓呢？这家眼镜制造公司又开始了新的探索。

随后，既美观又能防止太阳光辐射的民用太阳镜生产出来了。

地球周围有厚厚的大气层，这个大气层作为坚实的盾牌，为人类隔离了大部分来自宇宙的辐射。但有时候，强烈的太阳光还是会让人们的眼睛不舒服。

于是，由航空技术转变成民用的太阳镜一经问世，很快就受到人们的欢迎，成为当时的时尚代名词。

时间的脚步不停歇，慢慢地，人类的飞行高度从航空跨越到了航天，人类探索宇宙的阶段来临了。

如何在没有大气层的宇宙空间中抵御太空辐射带来的“全方位立体式”攻击呢？这就成了航天科学家首先要解决的问题。

这种早先制作飞行员眼镜的航空材料，自然而然又应用到了航天事业中。

为了最大程度地保护航天员的安全，科研人员在制作传统太阳镜的材料基础上，经过不断研究，反复试验，设计出了更适合太空环境的超级防晒材料。

这种科技含量更高的防晒材料先后被运用到航天飞机、飞船、航天服的头盔等航天相关产品上。一时间，各种飞行器都戴上了炫酷的“墨镜”，在太空中遨游！

有了航天科技的助力，现在太阳镜变得更加耐磨，防晒效果也更好了。

第十九问

“嘭”的一下就弹开？

热爱运动的小伙伴，你们有没有发现，在2022年北京冬奥会高山速降滑雪比赛中，运动员使用了一种厉害的安全设备，就是滑雪防护气囊。

这件像马甲一样的装备看起来不起眼，却作用重大。运动员即将摔倒、出现危险时，它可以在100～200毫秒内“嘭”的一下迅速膨胀开来，保护运动员不受伤害，像穿在运动员身上的安全气囊一样。

其实，这个穿在身上的保护气囊是从航天领域中的“固体推进剂技术”开始，一步步研发出来的。

想知道滑雪防护气囊为什么会“嘭”的一下就弹开，就得先了解一下固体推进剂。这是一种具有特定性能的含能复合材料，它可以为固体运载火箭及航天飞行器提供动力。

在固体推进剂的基础上，科学家又进一步研发出了“气体发生器技术”。这一技术大大缩小了推进器的体积。

它不仅用在调整航天器的姿态上，还在航天飞行器的安全系统中有重要作用。比如在火箭发射过程中，如果出现紧急情况，气体发生器产生的气体能够快速将航天员座椅弹射出去，保证航天员的生命安全。

还有我们在电影中看到的“太空背包”，它使用的也是气体发生器技术。虽然后来因为种种问题，“太空背包”不再使用，但气体发生器技术却给了科研人员更多启发。科学家在这个技术的基础上进一步研发出各种适合民用的物品，其中一项就是运动员使用的安全防护气囊。

防护气囊的应用领域还有很多，不仅用于滑雪，自行车比赛、轮滑比赛、摩托车骑行、攀岩等也会用到。在高空或者高速情况下进行的运动，可以说安全气囊是必不可少的。

毕竟，一件“马甲”能够像英雄一样，在摔倒或者碰撞时“嘭”的一下膨胀起来，让使用者避免受伤，是一件让人安心的事情。

现在让我们来看看这件由航天技术转化而来的“马甲”，是怎么做到保护人们安全的吧。

为了更加准确地检测人体的动作，并在人摔倒落地前完成气囊充气，防护气囊内配备了复杂的电路布线、运动传感器、跌倒数据的演算处理芯片等。这些装置能有效地起到为身体提供缓冲、保护身体的作用。

正是由于这种可穿戴式气囊有着卓越的贴身保护作用，研发人员想到了生活中更容易因为摔跤而造成伤害的老年人。

要知道，爷爷奶奶年纪大了，骨头的钙质流失，一旦摔倒就非常容易造成骨折，还可能因为骨折引发其他并发症。

于是，科研人员把运动防护气囊改进成重量大概为 1 千克、穿脱非常方便的家用型“马甲”，这样就不会在穿戴后对老年人的行动造成负担了。

实验证明，当这款“跌倒智能防护气囊”马甲监测到人在跌倒失去平衡时，内置传感器会在 80 ~ 100 毫秒内触发气囊弹出。轻薄的双层气囊体抗磨耐用，能降低 90% 以上的撞击强度。而且，它的充气气袋还能重复使用，可以说既经济又实用。

从高精尖的航天技术，到运动员的防护安全气囊，再到老年人必备的安全防护马甲，看起来遥不可及的太空探索，又一次真实地出现在人们的日常生活中。

第二十问

你用过太空牌免水洗手液吗？

在太空的微重力状态下，水一旦离开容器，就会变成小水球、大水球悬浮在空中。这种情况下，航天员喝水需要使用水袋，把水直接吸进嘴巴里。不然，就得在空间站里飞来飞去，四处“捕”水喝了。

喝水这件事好解决，那在太空中洗手、洗脸、洗澡可就不容易了。

早先航天员是钻进一个不透水的尼龙袋子里，把袋子口拉好后，袋子顶端的管子把水直接喷到航天员身上。虽然水不会跑出来，但为了预防飞起的水珠呛进航天员的鼻子、嘴巴里，洗澡时要戴好呼吸面罩。

想一想都觉得不太舒服。为了改善航天员洗澡的感受，后来这种方式得到了改进：科学家在淋浴房顶部加了增压装置，水可以像地面的花洒一样猛地喷出来；底部加了更多吸水装置，冲下来的废水一下子就被吸走了。

但这种洗澡方式也有缺点，就是太费水了。毕竟太空中没有随时可以拧出自来水的龙头。而且，飞船带上来的水是有限的，太空中的这种洗澡方式也不太方便。

好在太空中几乎是无菌状态，空间站内的温度适中，航天员就算几天不洗澡也不会变得太“臭”。

所以，珍惜水资源的航天员，大多数时候都是用一条湿毛巾挤上免洗沐浴露擦擦，把挤了免洗洗发露的罩子套在头上揉啊揉，洗澡和洗头问题就解决了。

那洗脸、洗手这种日常“小清洁”呢？

航天科研人员在普通湿巾的基础上研发了一种太空专用湿巾。太空湿巾具有无尘、有效清洁消毒、结实耐用等特点。

这种湿巾在不含酒精的前提下，可以把皮肤表面的油脂和污垢清除干净，杀菌率远远高于一般湿巾。

这样一来，在太空中洗脸、洗手就变得简单了，一块消毒湿巾就能解决。

后来，这种无酒精消毒清洁湿巾也广泛用于我们的生活中。

它最大的优势就是，随时随地都可以清洁双手，为健康筑起一道了不起的防线。

同时，航天需求也推动了免水洗手液的研发和进步。从成分角度讲，它需要在有益清洁杀菌的同时，尽量避免挥发或产生有害成分。

在包装方面，为保证在微重力的特殊环境中使用，太空免水洗手液采用了按压式或挤压式的泵头，这些技术成果也对民用产品产生了启发。

现在我们可以看到好多公共场合的门口、医院的走廊都摆放着免洗洗手液，方便人们在没有水的情况下，随时随地清洁双手。

探索宇宙是一项艰巨、困难，但又充满挑战的事业。单是洗手、洗脸这样的小事，放在太空中都需要科研人员不断努力和攻克。

相信未来的航天事业会取得更大成就，航天科技也会为人类的生活带来更多的便利。

第二十一问

如何做到冬暖夏凉？

飞船在起飞阶段、在大气层中以及飞入太空后，都要经历超级“炙热”的考验。所以，有效地隔热就成了飞船不被“熔化”的首要课题。

今天我们就来认识一种隔热本领高强、神奇的航天新型材料——纳米气凝胶。

纳米气凝胶是一种新型的纳米多孔材料。它是由胶体粒子或高聚物分子相互聚结形成的三维网络结构，其孔隙中充满气态分散介质。

听起来有点不太好理解，那就详细讲解一下吧。

首先，纳米气凝胶的密度仅为 3 ～ 500 毫克 / 立方厘米，比空气的密度还低，是世界上密度最小的固体。所以它非常轻！形象地说，把一块气凝胶放在花蕊上，花蕊都不会被压弯。

其次，纳米气凝胶里面的纳米颗粒极小，可见光经过它时，就像阳光穿过空气一样。

除了实用，纳米气凝胶的颜色也很美，它和天空一样发蓝，被叫作“蓝烟”或者“冻结的烟”。

这种拥有浪漫名称的新型材料，有 80% 以上都是空气，所以隔热效果非常好。

举例说明：3 厘米厚的气凝胶，隔热效果相当于 20 ~ 30 块普通玻璃的强度。

中国天问一号探测器的发动机就使用了纳米气凝胶作为隔热材料。

当然，纳米气凝胶的作用不仅仅是隔热，还可以抵御极度寒冷的低温环境。它就像一件冬暖夏凉的“防护服”一样，保护在太空中工作的机器。

2013年，中国浙江大学高分子科学与工程学系实验室的研究团队，在高超教授的带领下，研制出了石墨烯气凝胶。它的密度仅为0.16毫克/立方厘米，创造了新的吉尼斯世界纪录。

作为世界上最好的隔热材料之一，纳米气凝胶虽然并不像纸尿裤、冷冻脱水蔬菜那么常见，但它同样在改变着人类的生活。

举个例子就知道这种材料“藏”在哪里了。

“节能环保房屋”是近几年比较热门的一个词，那什么是环保房屋呢？简单说，就是这种房屋的窗户里“藏”着纳米气凝胶这种航天科技。

气凝胶的颗粒被封装在普通夹层玻璃后，隔热效果会提高很多倍。试想一下，拥有这种窗户的房屋会不会冬暖夏凉？

冬天，屋里的热空气出不去，外面的冷空气进不来；夏天，这种特殊材质能将“热浪”隔绝在屋外，减少空调的使用率，真正实现节能环保！

重要的是，因为气凝胶的超轻属性，其应用在高层建筑上可以为建筑物减轻质量，提高建筑的安全性。

除了隔热性，气凝胶的稳定性、弹性、吸附性、防水性等性能都非常强大。这就是除了在航空航天领域，在我们周围的建筑节能、工业、电子电工、生物医药等领域都能见到它的身影的原因。

虽然现在这样“冬暖夏凉”的房子还没有大面积普及，但我们相信，不久的将来，各种各样的新型气凝胶和其他产品相结合的物品，会陆续走入每个人的日常生活中。

第二十二问

我们可以改变天气吗？

你有没有看过一本科幻故事书——《小灵通漫游未来》？

书中有一个情节，说未来的天气可以协商，人们可根据需要，用消云剂、降雨剂等控制天气情况。

现在听起来，这个情节好像并不稀奇，但是要知道，在 20 世纪 70 年代，这种改变天气的想法还只存在于亦真亦假的幻想中。

那么，从科幻故事到能够用“小火箭”改变天气的这段时间里，到底经历了什么呢？

事情还要从 20 世纪 80 年代末说起。

众所周知，中国从古至今都是一个农业大国，很多流传在各地的俗语、谚语和诗句都跟天气有关。

“春得一犁雨，秋收万担粮”，说明春季适当的降雨对秋季丰收具有很重要的作用；“早晨地罩雾，尽管晒稻谷”，说的是如果早晨有雾，通常当天会是个晴天，可以放心晾晒谷物；“遭了寒露风，收成一场空”，说的是寒露风对农作物的生长十分不利，提醒农民要注意防范。

总结起来就是一句话：天气好，收成就好；天气差，保命的口粮很可能就要减产。

那么问题来了，有没有办法能够改善农民靠天吃饭的情况呢？

中国从 1958 年开始人工影响天气，但一直在用飞机当工具，遇到稍微复杂一点的高空作业环境，就无能为力了。

于是，航天科技集团四院中天火箭公司接到了一项新任务——研究出中国自己的人影火箭。为了完成这个目标，他们特别成立了一个 6 人研究小组。

小火箭要上天，最重要的就是动力问题。动力不够，别说穿入云层打冰雹了，怕是还没正式起飞就得来个倒栽葱。

怎么保证充足的动力呢？ 6 人小组又是调研又是论证，发现航天固体动力技术最靠谱，可以此为基础解决火箭飞行的稳定性和启动问题。

动力问题解决了，还有催化剂、着陆等各种问题等在前面。一年又一年，6 人小组变成了增雨防雹火箭厂。人越来越多，技术也越来越进步。

进过不懈努力，1997 年，WR-98 型火箭终于研制成功了，它是我国研制的人工影响天气系列的火箭之一。它具有成核率高、核化速率高、作业高度高、催化强度高、影响路径长、覆盖面广等特点。

这款小火箭发射后，在气象雷达系统的引导下，可以连续播撒催化剂，并送到云层的关键部位。然后，用高效燃烧模式播撒人工晶核，催化云层，形成立体催化带，从而影响云的结构，达到影响天气的目的。

就这样，**WR-98** 型火箭的技术在一点点进步，直到今天仍然是中国应用最广泛、用量最大、技术最成熟的火箭作业系统。

经过不断改进，现在的小火箭不仅能够增雨防雹，还能完成消减雾霾、降低污染、改善空气质量等更多的任务。

有了对天气的干预，农民们不用再眼巴巴地看天吃饭了。哪里需要晴天，哪里需要降雨，都可以像过去的科幻故事一样，进行“协商”了。

所以，航天科技一点也不遥远，真的在改变着人们的日常生活。

第二十三问

航天员能给自己看病吗？

现在，人们越来越关注健康问题。商场里、社区里、街头巷尾，都能看到各种健康检测设备：体重秤、血压仪、血糖仪……种类繁多。

对于年轻人来说，各种监测身体状况的智能设备越来越多，或穿着，或戴着。

比如智能腕表，不仅能监测心率、血压，还能记录运动状态、睡眠质量，简直就是身边的健康小卫士。

这种随时随地都可以进行健康检查的设备，最早源自航天科技的“健康监测马甲”。一起来看看这到底是一种什么样的“马甲”吧。

为了保障航天员的身体健康，科研人员研发了各种健康监测设备：有安装在空间站的健康监控系统，它可以分析航天员的睡眠质量，及时发现问题并采取相应措施，如调整睡眠环境的光照及温度等。

还有可以贴身穿的健康监测马甲。这种小马甲可不简单，它不仅可以用在航天员的地面训练中，还会跟随航天员进入太空，入驻空间站，随时对航天员的身体机能进行测量和评估。

在飞船航行过程中，在空间站“出差”的日子里，健康监测马甲可以全程监测航天员的呼吸、体温、血压等健康信息。航天员在进行太空锻炼时，它会实时监测他们的血氧量、心跳、心率等健康指标。

这些数据，一方面可以让航天员及时了解自己和同伴的身体状况，另一方面会通过飞船的信息传输系统，同步传回地球。

地面的医务工作者根据数据了解航天员的身体情况。一旦航天员遇到突发疾病或者出现健康问题，医务人员可以迅速进行实时指导，帮助航天员治疗。

所以，这件小小的“马甲”，对在太空中“出差”的航天员来说是非常重要的保障。

正因为它具备了全方位、长时间的监测特点，这种技术也受到人们的关注。

我们都听说过可穿戴智能设备，一些民用的智能服装就借鉴了航天技术，如 Hexoskin 智能服装，其嵌入了传感器，能够长期监测穿着者的呼吸、心脏、睡眠、日常活动等健康信息。

它还可以充电，续航时间能达到 12 ~ 30 小时，透气、轻便、速干，也可以水洗。更方便的是，穿着者能够通过手机 App 查看数据。

在医疗领域，通过类似航天健康监测马甲的可穿戴设备，患者在家中就能实时监测生理数据，医生也能够远程获取数据进行分析诊断。这为行动不便的患者提供了医疗支持。

在专业运动监测方面，同样借鉴了健康监测马甲的“本领”。

运动员只要穿上内置传感器的运动背心，便可以精确监测到他们运动时的心率、呼吸频率、运动姿态等数据。为运动员制订个性化的训练计划提供了依据，也帮助他们提高了训练效果，降低了运动损伤风险。

当然，除了专业运动员，我们普通人在日常健身中也可以使用类似功能的运动背心。这样我们就能更好地了解身体状态，合理调整运动强度和时间，达到科学健身的目的。

从飞船上的健康监测系统、航天员的健康监测马甲，到生活中的智能健康手表、远程医疗监测、运动监测背心等，航天技术还在不断为人类作贡献。

第二十四问

润滑油很重要吗？

爸爸开车需要润滑油。那润滑油和开车有什么关系呢？实不相瞒，在大街上看到的任何车辆，打开发动机盖，除了一些空气管以外，基本上都需要润滑油。

变速器内部和各传动部件、转向关节和传动轴、天窗、车门铰链、车锁联动机构、汽车座椅滑道，等等，都离不开润滑油。

你是不是已经猜到了，既然车辆需要润滑油，那么同样作为交通工具的飞船是不是也需要润滑油呢？

没错！不仅如此，而且常见的车用润滑油使用的就是从航天润滑油里“借”来的高科技。

说起这件事，可又得带着大家“想当初”了。

那是20世纪60年代，中国正式开始研制“东方红一号”人造卫星。在卫星研制前，科学家就遇到了一个大难题。

卫星要上天，就得有航天科技用油。遗憾的是，这种油被国外垄断了。

那时，虽然从理论上说，为核工业生产的氟油或许也能适应太空环境，可科研人员要的不只是“理论”，也没有什么“或许”，而是“必须”研制出性能优异的产品，为航天事业提供可靠的润滑油。

也许你没想到，1 吨基本有机化工原料只能合成提炼出 1 千克左右的航天润滑油。换算过来就是，1 千克航天润滑油的价值相当于 1 千克黄金。

这价格听起来有点夸张，但科研人员没有被吓住。

大家不断尝试，不断攻克各种难关，最终开发出氟氯碳油 4851 号和 4853 号。这两种油都能够承受 800 千克以上的挤压，有了它们，就不用担心卫星在外太空的复杂环境下“罢工”了。

不过，随着时间的推移和航天事业的发展，航天器变得越来越复杂，氟氯碳油的挥发性让它渐渐在太空中失去了优势。

于是，科研人员又开始了新一轮研究，终于在 1973 年研制出了带支链的全氟聚醚。它能够在全真空状态下长期保持液态，而不转换为气态，是个稳稳当当的“功臣”。

从“东方红”人造卫星发射到“神舟”飞天，从“嫦娥”奔月到天宫空间站的建设，中国自主研发了航天发动机油、航天液压油、航天仪表油、精密润滑脂等 7 大类 60 多种航天润滑产品。

除了航天工程，科研人员又通过技术转化和创新，把超高黏温性能润滑技术用在了车用润滑油中，在从零下 40℃到 50℃的环境中，汽车都能正常启动，不再既怕冷又怕热，有效地延长了汽车发动机的使用寿命。

就这样，航天用油顺其自然地“滑”进了人们的生活中，为汽车的行驶保驾护航。

这些年来，它还在高铁、冶金、纺织印染、精密仪器、氧气制备等行业发挥着自己的用处，真正做到了航天科技造福人类。

第二十五问

太空电源有多强大？

近年来，温室效应对地球的影响越来越明显，全球都在积极思考对策，应对气候变化。目前，人们已经达成了共识，只有发展低碳经济，减少废气排放，减少环境污染，才能有效应对温室效应，拯救地球。

说到废气，大家是不是首先想到的就是大大小小的汽车排出的尾气？

据相关研究，一辆小轿车一年排放的污染物高达自身重量的 4 倍。

于是，为了减少汽车废气的排放，现阶段能做的就是把以电能为主的新能源汽车作为汽车行业的重要发展方向。

因此，如何长时间为电动汽车提供能源，成了需要解决的主要问题。

假想一下，一个人开着电动汽车，正兴高采烈地奔赴海边度假，结果半路汽车突然没电了，一时又找不到充电站，多糟糕啊！

这时候，又轮到航天科技出场啦！

航天器之所以能够保持长时间的运转，“航天电源”发挥了重要作用。能不能把这一航天技术应用到新能源汽车上呢？

早在 1998 年，中国科学家就着手进行太空锂离子电池和电源管理系统的研制，他们在弹、箭、星、船等特殊用途电源系统及其配套设备研制方面经验丰富。

我国载人飞船从神舟十八号开始，主电源储能电池使用的就是锂离子电池。相比此前使用的镉镍蓄电池，锂离子电池的能量更高、循环寿命更长。

为了尽快让新能源汽车也用上具有航天“血统”的电源，中国科学家不断加强技术研发力量，于2010年建成了首条年产1500万安时动力锂离子电池中试线。

为了使新能源汽车用上物美价廉的锂离子电池，研发团队进一步优化技术并降低价格。想做到这一点，需要一个关键的设备：阴极辊。

这个名词听起来很陌生，简单地说就是，锂电池作为新能源汽车的动力来源，其重要组成部分负极集流体的首选材料就是铜箔。每辆新能源汽车的生产都需要 40 千克左右的铜箔，制造铜箔就离不开阴极辊。

于是，中国科学家依托航天技术，在 2016 年成功研制出直径 2.7 米的阴极辊，打破了国外企业的技术垄断，真正实现了阴极辊的使用自由。

有了航天技术的帮忙，现在很多家庭都拥有了新能源汽车——混动的、纯电动的，其中不少都是中国自主研发的国产品牌。

统计数据显示，截至 2023 年，中国的新能源汽车产量超过 958.7 万辆，出口近 120.3 万辆，同比增长 77.6%。

新能源汽车的发展与普及离不开航天技术，相信在不久的将来，航天技术还会带着新能源汽车“飞得更高”，跑得更快。

第二十六问

雾气遮挡面罩该怎么办？

在探索未知宇宙的过程中，航天员时常遭遇各种挑战和危险。也许是一个看起来很小的问题，都可能危及生命。

那是在 1966 年 6 月，为阿波罗登月任务技术准备的双子座 9A 任务期间，宇航员尤金·塞尔南（Eugene Cernan）穿上 NASA 第一套舱外航天服，按照计划出舱进行太空行走。没想到他刚离开空间站没多远，忽然发现自己的头盔面罩起雾了！

原来，在 –180℃的太空中，因为航天服面罩隔热性不够强，导致内表面过冷，引发了水蒸气凝结。而此时，塞尔南的呼吸不断加重，让这种凝结成雾的现象变得越来越严重，以至于他的视线严重受阻。

就这样，一层看起来完全无害的雾气，让这次太空任务不得不中途结束。

这次事件让科学家意识到，为航天面罩“除雾”不是小事。

针对这个问题的研发之路并不顺利。初期尝试的多种方法均效果不佳，防雾剂要么持续时间短，无法长久保持清晰；要么对玻璃材质有损，影响使用寿命。

尽管面临困境，但科学家没有放弃，经过一番持续、深入的探索，一种用油和肥皂水等混合而成的防雾溶液诞生了。

这种防雾溶液可以通过使水的表面张力最小化来发挥防雾的作用，科学家把它涂在遮阳板上进行试验，遮阳板真的没有结水露。

后来的双子座飞行中都采用了这一防雾方案，又经过不断改进，航天员再也没有因为面罩起雾这种“小事”而耽误太空行走的“大事”。

就在大家都为此高兴的时候，又一次意外发生了。

加拿大航天员克里斯·哈德菲尔德（Chris Hadfield）正在国际空间站外执行任务，一滴防雾剂飘进了他的左眼。几乎是在一瞬间，哈德菲尔德的左眼就什么都看不清了。

刺痛让他不由自主地流出了眼泪。在失重的环境下，泪珠又糊住了他的右眼，让他一时间完全看不见东西，彻底陷入黑暗之中。

幸运的是，哈德菲尔德是一位经验丰富的航天员。他努力让自己镇定下来，等待航天服的内循环系统烘干眼泪，他的眼睛也渐渐恢复了视力。

哈德菲尔德凭借自己卓越的能力和毅力，完成了这次艰难的太空任务。

这次事故后，科学家的研究又升级了，开始研制在不损害玻璃、能防雾的前提下，无刺激或低刺激的无泪配方。所以说，我们现在使用的防雾剂，最早正是 NASA 发明，用来防止宇航员头盔起雾的。

2016 年，中国的两名航天员景海鹏和陈冬将要进入太空，在天宫二号驻留 33 天。随着在太空工作时间的延长，对各种装备和物品的要求相应变高了，防雾剂自然也要用更好的。

在这种情况下，航天科学家从零做起，经过不断的试验、反馈，更改试剂配方，最终设计出一款无毒无害、性能持久、涂覆更方便的防雾剂。

防雾剂在航空航天领域越来越重要，对技术要求越来越高。与此同时，它在日常生活中也发挥了很大作用。

有了防雾剂，冬天时，戴眼镜的小伙伴从寒冷的户外进入温暖的室内，就不用担心眼镜片蒙上一层白茫茫的雾气而变得模模糊糊了。

现在，从飞机舷窗到医院手术室的护目镜、面罩和检测镜面，从运动中使用的眼镜和头盔到各种车辆的后视镜……越来越多的透明物体被涂抹上了防雾剂。

有了它，无论是寒冷的户外，还是热气腾腾的室内，人们都将置身于清晰、明亮的世界。

一个看似微小的改变，不仅解决了航天领域的难题，更改善了人们的日常生活。所以说，科技不分大小，航天离普通人并不遥远。

第二十七问

医院的 CT 和太空有什么关系？

很多疾病都需要通过电子计算机断层扫描（CT）或者磁共振成像（MRI）来做诊断。其实，医学上使用的 CT 和 MRI 技术，与航天有一定的渊源。

事情要从 20 世纪 60 年代中期说起。

当时，为了实现载人登月，以及对月球展开实地考察，美国准备了阿波罗计划。想实施这个计划，首先，要在月球表面给飞船选择一个合适且安全的着陆点。

为了找这个着陆点，无人探测器先被发射到太空，绕着月球飞啊飞，打算 360 度无死角地把月球表面的样子全拍成照片传回地球。

然而，问题来了。

月球跟地球不同，它上面没有大气层。没有大气，就没有大气折射现象。没有大气折射，拍照时月球上那些巨大的岩石、环形山和超级深的空谷，会把山背和谷底变成彻底的黑暗。

这样的结果就是什么都拍不到，还怎么绘制地图呢？

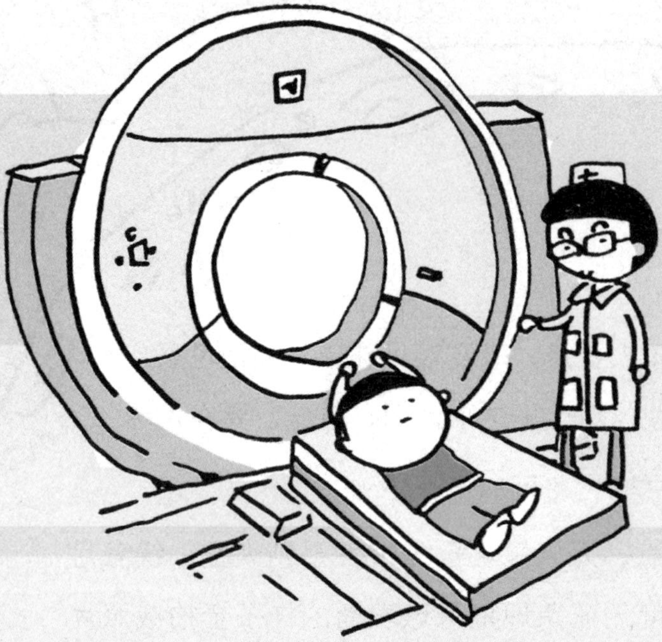

而且，在阿波罗计划早期，探测器想跟地球通信，只能使用模拟技术。这种技术受到太空中各种电波和射线的干扰，传回来的月球图像无比扭曲，根本看不清。

科研人员意识到，要看清月球，必须开发更好的计算机图像增强技术。

科学家聚在一起经过一番尝试，研发出了一项专门提升月面图像清晰度的技术。

他们把模拟图像数字化，通过计算机处理，还原成可以识别的图像，又开发了月球照相斜测法。这种办法对于阴暗的、阳光照射不到的地方也可以测绘出精确的地图。

这样一来，总算能够用计算机把月球照片强化得更清晰了。

当这项航天技术被公布后，一个意外惊喜出现了：医学领域的科学家发现，这项技术的成像和增强影像质量等功能，就像透视眼一样，可以让医生看到人体内部器官的高清晰度图像。

新技术很快掀起了一场医学革命，CT 和 MRI 相继出现！

CT是利用X射线扫描身体上特定厚度的地方，生成身体内部结构的详细图像。而磁共振利用磁场和无线电波，就能观察到身体内部器官的横切面。

那以后，如果需要，患者的内脏就展现在医生眼前，医生可以很直观地看到病灶。

知道了吧，正是因为在航天技术的启发下，人们才可以到医院去照“透视照片”，从而更精准地看到病因后再进行治疗，让身体变得更健康。

第二十八问

你想在太空中种出大南瓜吗？

也许作为植物的种子，南瓜子自己都没有想过，有一天它不仅能“入地”，还可以“上天”！

没错，自从有了了不起的太空技术——航天育种，种子上天早已不是漫无边际的幻想了。

航天育种也叫太空育种，是使用宇宙飞船或者返回式卫星把种子带进太空，利用太空环境的特性进行培育。

今天，我们就和“遨游”过太空的植物种子进行一场记者问答会吧。

首先来了解一下，为什么要把种子送上太空呢？

因为太空中蕴藏着无限可能，种子经历过“太空漂流”之后，在各种看不见的太空辐射作用下，会激发出各种意想不到的潜能。比如在新闻中出现过的巨型南瓜，就是航天育种的代表之一。

问题来了，蔬菜在太空中生长一定会变大吗？

答案是不一定。

其实“变大”只是太空育种的一个方向，因为在太空的特殊环境作用下，空间辐射、微重力、地球磁场等因素都会影响植物的生长，宇宙射线打乱了种子的基因排列，让植物表现出各种新的外观和特性。跟别的改变不容易被关注到不同，变大的太空蔬菜和水果会让人们觉得更有性价比，也更容易被人们发现，从而觉得新奇有趣。所以，这类巨大的太空植物就最先被我们熟知啦。

那么，什么样的种子能踏上太空之旅呢？

种子筛选是航天育种的第一步。能“上天”的种子都是精挑细选的。这些种子必须充满活力、发芽率高，这样的种子才能以良好的状态开启“太空之旅”！

这些种子被装在特殊的容器里，搭乘火箭飞向了浩瀚的宇宙。在太空中，它们会遇到和地球上完全不同的环境。太空中有宇宙射线。它们正如其名：来自宇宙的辐射。宇宙射线有两种：银河宇宙射线和太阳宇宙射线。宇宙射线改变了种子的基因。基因是存在于植物细胞中的遗传物质，它们就像一套精密的指令，决定植物生长、发育、繁殖和适应环境变化等方方面面。

基因的变异和重组，造就了植物的多样性。

因此，面对这样的太空环境，并不是所有的种子都会在太空环境的影响下发生基因变化。而且，即使发生了基因变化，也不一定是人类需要的。

接下来就是地面培育阶段。科学家们经过检查、筛选，通过重重考察之后，合格的种子才能被叫作“太空种子”。所以，太空种子被选中的比例是非常小的。

之后这些“太空种子”会被种在专门的土地里进行培育，让它们从太空中获得的“优势”通过地面育种得到延续，成为人们可以见到、吃到的瓜果蔬菜。

还是拿太空大南瓜举例。一开始，它们的种子和普通种子没多大区别，但随着时间推移，神奇的事情发生了。这些太空南瓜种子长出来的植株比普通南瓜的植株更加强壮，叶子也更加茂盛，所以它们结出的果实要大好多，有几十斤甚至上百斤重。而且，太空大南瓜的形状也可能变得很奇怪，有圆的、扁的或者长长的，颜色更加鲜艳，纹理更加清晰。它不仅长得大，口感和普通南瓜比起来还更加香甜、细腻。

近年来，在中国航天育种技术的不断发展下，一批又一批“希望的种子”乘着飞船飞上太空，又返回地球。

科学家们希望通过进行太空育种，让更多的农作物及其他作物变得更好、更强壮，抗病能力更强，这样我们就会拥有更多的食物和资源。

现在，“太空种子”已经不局限于瓜果蔬菜了，用来点缀生活的鲜花也有了“太空血统”。

比如我们常见的万寿菊，原来它的花期只有 2 个月。经过太空育种后，万寿菊不仅花朵更加艳丽，花香更加浓郁，花期还可以长达 4 个月不衰败。

探索太空的这个壮举，也像小小的种子一样，扎根在一代代人心中！

第二十九问

可以给星星测量“体温”吗？

请问，给星星量“体温”需要几步？

第一步，拿出我们在地球上经常使用的水银温度计。

第二步，因为太空中没有压力，温度计“嘭”的一声，爆炸了！

那该怎么办呢？简单地说，给星星量“体温”，需要用红外线。

“红外线”这一名称的出现可以追溯到1800年。英国天文学家威廉·赫歇尔（Wilhelm Herschel）发现，自然界中所有温度高于绝对零度（–273.15℃）的物体，表面都会辐射出红外能量，也就是红外线。温度越高，辐射出的红外能量就越强。

科学家就是根据这个特点来给星星测量“体温”的。

准确来说，红外线天文观测技术是用来测量恒星温度的，它通过测量恒星在不同红外波段的辐射强度来估算恒星表面的温度。

红外线不仅能给星星量“体温”，航天科学家还会用它测量那些被宇宙尘埃遮蔽的天体，进一步扩展了人们对宇宙的认识。

那么，为星星量“体温”的观测技术怎么就用到人身上了呢？一起来追溯一下吧。

在红外线技术出现之前，测量体温主要依靠传统的水银体温计等接触式的测温方式。这些工具不仅测量时间长，而且给月龄比较小的婴儿测量起来有一定难度，可能造成测量误差。

最可怕的是，水银温度计都是玻璃做的，万一装水银的部分发生破损，里面的水银流出来可就危险了。因为水银是剧毒物质。

为了解决这些问题，科学家根据航天红外线观测原理，尝试对人体辐射的红外能量进行采集、量化，然后计算出人体的温度。

经过科学家的不懈努力，一种利用红外线测量温度的新型体温计终于被研发出来，就是“医用红外体温测量仪”。

现在，人们只需要把这种温度计放入耳洞中，通过测量人体耳膜发出的热辐射来测量体温，只需要2秒钟，就可以测出准确温度。这种体温计真是既操作简单，又节省时间啊！

渐渐地，随着科学技术的发展，生活中出现了更多种类的红外线体温测量仪。

生病时，可以不把体温测量仪放入耳朵和腋下，只需要对准额头或手腕等部位，“嘀”的一声，温度就显示出来了，是不是更加方便、快捷？

不仅如此，在机场、车站、剧院这样人员集中的场所，对大面积人群进行温度测量也变得非常方便、快捷。人们只需要从安装有远红外温度计的门里走过，就可以快速显示出体温是否正常。

近些年来，红外线温度测量仪不仅测量体温，还为肿瘤的诊断提供了新的参考。

一些位置较浅的表皮肿瘤，如皮肤肿瘤、血管瘤、甲状腺肿瘤等，表皮温度比周围组织的温度高一些。因此，红外体温计测量的结果就为这类病症的判断提供了参考数据。

从测量体温的小仪器，到诊断疾病的重要依据，这项源于航天领域的红外线测量技术，一直在为人类的健康保驾护航。

第三十问

卫星到底有多大本领？

今天的温度是多少，上学需不需要戴太阳帽？

什么时候下雪啊？好想去打雪仗！

别急别急，这都不算事，现代人不用再像诸葛亮一样夜观天象借东风了，因为现在有天气预报。

现在的天气预报可以预测几小时内的天气情况，它为人们的生活带来了巨大的便利。

天气是怎样被预测出来的呢？那就又要说一说了不起的航天技术了。

其实，很早以前人们就开始预测天气了。但是直到 20 世纪 60 年代，有了气象卫星，才提高了天气预报的精度与时效。

在这里，我们先来认识一下中国的气象卫星吧。它们的名字叫作——风云气象卫星。

风云气象卫星有很多“兄弟姐妹”，截至 2024 年 11 月，我国已发射两代四型共 21 颗风云气象卫星，目前有 9 颗在轨运行。它们共同组成了中国气象卫星监测系统，时刻监测着什么时候会刮风、几点会下雨、哪天有冰雹……

当然，除了气象卫星，还有很多卫星在太空中勤勤恳恳地工作。

1970 年 4 月 24 日，中国自行研制的第一颗人造卫星——“东方红一号”，在酒泉卫星发射中心成功发射，它代表着中国在航天领域迈出了关键的第一步，也显示了中国在太空探索方面的决心和实力。

有了我们的“第一颗星”，后来气象卫星、资源卫星、通信卫星、导航卫星、海洋卫星……陆续加入了卫星大家族。

在这些卫星中，人们最熟悉也最常用的，应该就是导航卫星了。毫不夸张地说，导航卫星已经成为现代生活必不可少的一种工具。

就拿中国自行研制的全球卫星导航系统——北斗卫星导航系统来说，截至 2024 年 9 月 19 日，我国已成功发射了第 59、第 66 颗北斗导航卫星。

它们不仅可以在全球范围内全天候地为车辆、船只等提供高精度的定位和导航服务，还可以实时

更新更加安全和优化的行驶路线。

简单来说就是，哪里堵车，哪里修路，需要更换哪条路线更省时，导航系统都能清清楚楚地帮我们规划出来。

当然，导航卫星的本领可不仅仅是“指路”这么简单，北斗卫星导航系统还可以帮助农民种田。

新一代农民可以通过手机上的北斗智能终端，操作农业机器进行自主耕作。和传统耕种方式相比，有了北斗卫星技术的支持，科技农业生产模式得以真正实现。

再说个更厉害的，除了指路、种地，通过拥有定位及导航功能的北斗卫星系统，草原上的牧民已经可以实时“卫星放羊”，这就是最先进的“数字牧场”。

原来的牧民为了知道哪里草场好、哪里有水源，需要走很远的路，在“寻找”这件事上耽误了时间，耗费了精力。

现在有了北斗“数字牧场”，牧民可以通过卫星定位查看，一目了然，再也不用赶着牛羊到处走，经受风吹日晒了。

关于卫星们的事迹，真是说也说不完！除了农业领域，卫星在电力、水利、交通领域也被广泛应用。仅仅是一个卫星通信技术，就为现代社会提供了拨打电话、数据传输、电视转播、卫星电视、移动通信、救援、远程医疗等上百种服务。

不得不说，航天科技的发展，很大程度上改变着人类的生活方式。

想想看，未来必然还会有越来越多的航天技术为人们的学习、生活和生产带来更多的便利和保障！

关于“藏”在人们身边的航天科技，在这里就告一段落了。让我们每个人都永远保持好奇心，长大后也可以去探索宇宙，去开创更美好的明天！

特别感谢如下专家参与创作工作：张云翼、高云、李响

以下作者对本书亦有贡献：谢鹏、孙怡然、毛峰、王娟、陈曦、宗光耀、林钰涵、张雨佳